轨道交通装备制造业职业技能鉴定指导丛书

气体深冷分离工

中国中车股份有限公司　编写

中国铁道出版社

2016年·北京

图书在版编目(CIP)数据

气体深冷分离工/中国中车股份有限公司编写．—北京：中国铁道出版社，2016.2
(轨道交通装备制造业职业技能鉴定指导丛书)
ISBN 978-7-113-21123-3

Ⅰ.①气… Ⅱ.①中… Ⅲ.①气体分离－职业技能－鉴定－自学参考资料 Ⅳ.①TQ028.2

中国版本图书馆CIP数据核字(2015)第278586号

书　　名：轨道交通装备制造业职业技能鉴定指导丛书
气体深冷分离工
作　　者：中国中车股份有限公司

策　　划：江新锡　钱士明　徐　艳
责任编辑：陶赛赛　　**编辑部电话**：010-51873065
编辑助理：黎　琳
封面设计：郑春鹏
责任校对：马　丽
责任印制：陆　宁　高春晓

出版发行：中国铁道出版社(100054，北京市西城区右安门西街8号)
网　　址：http://www.tdpress.com
印　　刷：北京尚品荣华印刷有限公司
版　　次：2016年2月第1版　2016年2月第1次印刷
开　　本：787 mm×1 092 mm　1/16　印张：11.75　字数：283千
书　　号：ISBN 978-7-113-21123-3
定　　价：38.00元

中国中车职业技能鉴定教材修订、开发编审委员会

序

在党中央、国务院的正确决策和大力支持下，中国高铁事业迅猛发展。中国已成为全球高铁技术最全、集成能力最强、运营里程最长、运行速度最高的国家。高铁已成为中国外交的金牌名片，成为高端装备"走出去"的大国重器。

中国中车作为高铁事业的积极参与者和主要推动者，在大力推动产品、技术创新的同时，始终站在人才队伍建设的重要战略高度，把高技能人才作为创新资源的重要组成部分，不断加大培养力度。广大技术工人立足本职岗位，用自己的聪明才智，为中国高铁事业的创新、发展做出了杰出贡献，被李克强同志亲切地赞誉为"中国第一代高铁工人"。如今在这支近9.2万人的队伍中，持证率已超过96%，高技能人才占比已超过59%，有6人荣获"中华技能大奖"，有50人荣获国务院"政府特殊津贴"，有90人荣获"全国技术能手"称号。

高技能人才队伍的发展，得益于国家的政策环境，得益于企业的发展，也得益于扎实的基础工作。自2002年起，中国中车作为国家首批职业技能鉴定试点企业，积极开展工作，编制鉴定教材，在构建企业技能人才评价体系、推动企业高技能人才队伍建设方面取得明显成效。

中国中车承载着振兴国家高端装备制造业的重大使命，承载着中国高铁走向世界的光荣梦想，承载着中国轨道交通装备行业的百年积淀。为适应中国高端装备制造技术的加速发展，推进国家职业技能鉴定工作的不断深入，中国中车组织修订、开发了覆盖所有职业(工种)的新教材。在这次教材修订、开发中，编者基于对多年鉴定工作规律的认识，提出了"核心技能要素"等概念，创造性地开发了《职业技能鉴定技能操作考核框架》。试用表明，该《框架》作为技能人才综合素质评价的新标尺，填补了以往鉴定实操考试中缺乏命题水平评估标准的空白，很好地统一了不同鉴定机构的鉴定标准，大大提高了职业技能鉴定的公平性和公信力，具有广泛的适用性。

相信《轨道交通装备制造业职业技能鉴定指导丛书》的出版发行，对于推动高技能人才队伍的建设，对于企业贯彻落实国家创新驱动发展战略，成为"中国制造2025"的积极参与者、大力推动者和创新排头兵，对于构建由我国主导的全球轨道交通装备产业新格局，必将发挥积极的作用。

中国中车股份有限公司总裁：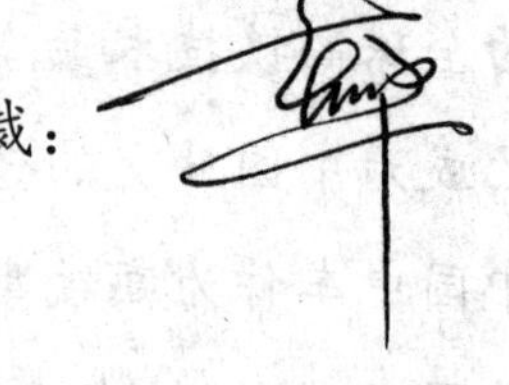

二〇一五年十二月二十八日

前　言

鉴定教材是职业技能鉴定工作的重要基础。2002年，经原劳动保障部批准，原中国南车和中国北车成为国家职业技能鉴定首批试点中央企业，开始全面开展职业技能鉴定工作。2003年，根据《国家职业标准》要求，并结合自身实际，我们组织开发了《职业技能鉴定指导丛书》，共涉及车工等52个职业(工种)的初、中、高3个等级。多年来，这些教材为不断提升技能人才素质、满足企业转型升级的需要发挥了重要作用。

随着企业的快速发展和国家职业技能鉴定工作的不断深入，特别是以高速动车组为代表的世界一流产品制造技术的快步发展，现有的职业技能鉴定教材在内容、标准等诸多方面，已明显不适应企业构建新型技能人才评价体系的要求。为此，公司决定修订、开发《轨道交通装备制造业职业技能鉴定指导丛书》。

本《丛书》的修订、开发，始终围绕打造世界一流企业的目标，努力遵循"执行国家标准与体现企业实际需要相结合、继承和发展相结合、质量第一、岗位个性服从于职业共性"四项工作原则，以提高中国中车技术工人队伍整体素质为目的，以主要和关键技术职业为重点，依据《国家职业标准》对知识、技能的各项要求，力求通过自主开发、借鉴吸收、创新发展，进一步推动企业职业技能鉴定教材建设，确保职业技能鉴定工作更好地满足企业发展对高技能人才队伍建设工作的迫切需要。

本《丛书》修订、开发中，认真总结和梳理了过去12年企业鉴定工作的经验以及对鉴定工作规律的认识，本着"紧密结合企业工作实际，完整贯彻落实《国家职业标准》，切实提高职业技能鉴定工作质量"的基本理念，以"核心技能要素"为切入点，探索、开发出了中国中车《职业技能鉴定技能操作考核框架》；对于暂无《国家职业标准》、又无相关行业职业标准的38个职业，按照国家有关《技术规程》开发了《中国中车职业标准》。自2014年以来近两年的试用表明：该《框架》既完整反映了《国家职业标准》对理论和技能两方面的要求，又适应了企业生产和技术工人队伍建设的需要，突破了以往技能鉴定实作考核缺乏水平评估标准的"瓶颈"，统一了不同产品、不同技术含量企业的鉴定标准，提高了鉴定考核的技术含量，提高了职业技能鉴定工作质量和管理水平，保证了职业技能鉴定的公平性和公信力，已经成为职业技能鉴定工作、进而成为生产操作者综合技术素质评价的新标尺。

本《丛书》共涉及99个职业(工种),覆盖了中国中车开展职业技能鉴定的绝大部分职业(工种)。《丛书》中每一职业(工种)又分为初、中、高3个技能等级,并按职业技能鉴定理论、技能考试的内容和形式编写。其中:理论知识部分包括知识要求练习题与答案;技能操作部分包括《技能考核框架》和《样题与分析》。本《丛书》按职业(工种)分册,已按计划出版了第一批75个职业(工种)。本次计划出版第二批24个职业(工种)。

本《丛书》在修订、开发中,仍侧重于相关理论知识和技能要求的应知应会,若要更全面、系统地掌握《国家职业标准》规定的理论与技能要求,还可参考其他相关教材。

本《丛书》在修订、开发中得到了所属企业各级领导、技术专家、技能专家和培训、鉴定工作人员的大力支持;人力资源和社会保障部职业能力建设司和职业技能鉴定中心、中国铁道出版社等有关部门也给予了热情关怀和帮助,我们在此一并表示衷心感谢。

本《丛书》之《气体深冷分离工》由原长春轨道客车股份有限公司《气体深冷分离工》项目组编写。主编靳凯,副主编刘国文;主审李铁维,副主审闫洪臣;参编人员刘丽红。

由于时间及水平所限,本《丛书》难免有错、漏之处,敬请读者批评指正。

中国中车职业技能鉴定教材修订、开发编审委员会

二〇一五年十二月三十日

目　　录

气体深冷分离工(职业道德)习题

一、填 空 题

1. 职业道德建设是公民(　　)的落脚点之一。

2. 如果全社会职业道德水准(　　),市场经济就难以发展。

3. 职业道德建设是发展市场经济的一个(　　)条件。

4. 企业员工要自觉维护国家的法律、法规和各项行政规章,遵守市民守则和有关规定,用法律规范自己的行为,不做任何(　　)的事。

5. 爱岗敬业就要恪尽职守,脚踏实地,兢兢业业,精益求精,干一行,爱一行,(　　)。

6. 企业员工要熟知本岗位安全职责和(　　)规程。

7. 企业员工要积极开展质量攻关活动,提高产品质量和用户满意度,避免(　　)发生。

8. 提高职业修养要做到:正直做人,坚持真理,讲正气,办事公道,处理问题要(　　)合乎政策,结论公允。

9. 职业道德是人们在一定的职业活动中所遵守的(　　)的总和。

10. (　　)是社会主义职业道德的基础和核心。

11. 人才合理流动与忠于职守、爱岗敬业的根本目的是(　　)。

12. 市场经济是法制经济,也是德治经济、信用经济,它要靠法制去规范,也要靠(　　)良知去自律。

13. 文明生产是指在遵章守纪的基础上去创造(　　)而又有序的生产环境。

14. 遵守法律、执行制度、严格程序、规范操作是(　　)。

15. 操作人员应掌握触电急救和人工呼吸方法,同时还应掌握(　　)的扑救方法。

16. 操作人员应具有高尚的职业道德和高超的(　　),才能做好维修工作。

17. 职业纪律和与职业活动相关的法律、法规是职业活动能够正常进行的(　　)。

18. 个体职业能力的提高除了在实践中磨炼和提高之外,最有效的途径就是接受(　　)。

19. 要评价从业人员职业能力的高低,最主要也是最便捷的途径就是(　　)。

20. 公民道德建设是一个复杂的社会系统工程,要靠教育,也要靠(　　)、政策和规章制度。

21. 职业综合能力也称为(　　)。

22. 员工要熟知本岗位安全职责和安全操作规程,增强自我保护意识,按时参加班组安全教育,正确使用防护用具用品,经常检查所用、所管的设备、工具、仪器、仪表的(　　)状态,不违章指挥,不违章冒险作业。

23. 信用建立在法制的基础之上,需要(　　)作保障。

24. 道德的内容包括三个方面:道德意识、道德关系、(　　)。

25. 树立职业信念的思想基础是提高(　　)认识。

26. 职业工作者认识到无论哪种职业，都是社会分工的不同，并无高低贵贱之分，可以笼统地称为职业工作者树立了正确的(　　)。

27. 职业化是一种按照职业道德要求的工作状态的(　　)、规范化、制度化。

28. 敬业的特征是(　　)、务实、持久。

29. 从业人员在职业活动中应遵循的内在的道德准则是(　　)。

30. 员工的思想、行动集中起来是(　　)的核心要求。

31. 职业化管理不是靠直觉和灵活应变，而是靠(　　)、制度和标准。

32. 职业活动内在的道德准则是(　　)、审慎、勤勉。

33. 职业化的核心层面是(　　)。

34. 建立员工信用档案体系的根本目的是为企业选人用人提供新的(　　)。

35. 不管职位高低，人人都厉行(　　)。

36. 班组长及所有操作工在生产现场和工作时间内必须穿(　　)。

37. 企业生产管理的依据是(　　)。

二、单项选择题

1. 道德可以依靠内心信念的力量来维持对人们行为的调整。内心信念是指(　　)。

(A)调整人们之间以及个人与社会之间关系的行为规范

(B)善恶观念为标准来评价人们在社会生活中的各种行为

(C)依靠信念、习俗和社会舆论的力量来调整人们在社会关系中的各种行为

(D)一个人发自内心地对某种道德义务的强烈责任感

2. 市场经济是法制经济，也是德治经济、信用经济，它要靠法制去规范，也要靠(　　)良知去自律。

(A)法制　　(B)道德　　(C)信用　　(D)经济

3. 在竞争越来越激烈的时代，企业要想立于不败之地，个人要想脱颖而出，良好的职业道德，尤其是(　　)十分重要。

(A)技能　　(B)作风　　(C)信誉　　(D)观念

4. 遵守法律、执行制度、严格程序、规范操作是(　　)。

(A)职业纪律　　(B)职业态度　　(C)职业技能　　(D)职业作风

5. 爱岗敬业是(　　)。

(A)职业修养　　(B)职业态度　　(C)职业纪律　　(D)职业作风

6. 提高职业技能与(　　)无关。

(A)勤奋好学　　(B)勇于实践　　(C)加强交流　　(D)讲求效率

7. 严细认真就要做到:增强精品意识，严守(　　)，精益求精，保证产品质量。

(A)国家机密　　(B)技术要求　　(C)操作规程　　(D)产品质量

8. 树立用户至上的思想，就是增强服务意识，端正服务态度，改进服务措施达到(　　)。

(A)用户至上　　(B)用户满意　　(C)产品质量　　(D)保证工作质量

9. 清正廉洁，克己奉公，不以权谋私、行贿受贿是(　　)。

(A)职业态度　　(B)职业修养　　(C)职业纪律　　(D)职业作风

10. 职业道德是促使人们遵守职业纪律的(　　)。

(A)思想基础 (B)工作基础 (C)工作动力 (D)理论前提

11. 在履行岗位职责时,(　　)。

(A)靠强制性 (B)靠自觉性

(C)当与个人利益发生冲时可以不履行 (D)应强制性与自觉性相结合

12. 下列叙述正确的是(　　)。

(A)职业虽不同,但职业道德的要求都是一致的

(B)公约和守则是职业道德的具体体现

(C)职业道德不具有连续性

(D)道德是个性,职业道德是共性

13. 下列叙述不正确的是(　　)。

(A)德行的崇高,往往以牺牲德行主体现实幸福为代价

(B)国无德不兴、人无德不立

(C)从业者的职业态度是既为自己,也为别人

(D)社会主义职业道德的灵魂是诚实守信

14. 产业工人的职业道德的要求是(　　)。

(A)精工细作、文明生产 (B)为人师表

(C)廉洁奉公 (D)治病救人

15. 下列对质量评述正确的是(　　)。

(A)在国内市场质量是好的,在国际市场上也一定是最好的

(B)今天的好产品,在生产力提高后,也一定是好产品

(C)工艺要求越高,产品质量越精

(D)要质量必然失去数量

16. 掌握必要的职业技能是(　　)。

(A)每个劳动者立足社会的前提 (B)每个劳动者对社会应尽的道德义务

(C)为人民服务的先决条件 (D)竞争上岗的唯一条件

17. 分工与协作的关系是(　　)。

(A)分工是相对的,协作是绝对的 (B)分工与协作是对立的

(C)二者没有关系 (D)分工是绝对的,协作是相对的

18. 下列提法不正确的是(　　)。

(A)职业道德+一技之长=经济效益 (B)一技之长=经济效益

(C)有一技之长也要虚心向他人学习 (D)一技之长靠刻苦精神得来

19. 下列不符合职业道德要求的是(　　)。

(A)检查上道工序、干好本道工序、服务下道工序

(B)主协配合,师徒同心

(C)粗制滥造,野蛮操作

(D)严格执行工艺要求

20. 办事公道是指职业人员在进行职业活动时要做到(　　)。

(A)原则至上,不徇私情,举贤任能,不避亲疏

(B)奉献社会,襟怀坦荡,待人热情,勤俭持家

(C)支持真理,公私分明,公平公正,光明磊落
(D)牺牲自我,助人为乐,邻里和睦,正大光明
21. 爱岗敬业,忠于职守,团结协作,认真完成工作任务,钻研(　　),提高技能。
(A)业务　(B)理论　(C)科技　(D)技术
22. 以下关于诚实守信的认识和判断中,正确的选项是(　　)。
(A)诚实守信与经济发展相矛盾
(B)诚实守信是市场经济应有的法则
(C)是否诚实守信要视具体对象而定
(D)诚实守信应以追求利益最大化为准则
23. 建立在一定的利益和义务的基础之上,并以一定的道德规范形式表现出来的特殊的社会关系是(　　)。
(A)道德关系　(B)道德情感
(C)道德理想　(D)道德理论体系
24. 不同于其他的行为准则,能够区分善与恶、好与坏、正义与非正义的行为准则是(　　)。
(A)法律规范　(B)政治规范
(C)道德理论体系　(D)道德规范
25. 集体主义原则的出发点和归宿是(　　)。
(A)集体利益高于个人利益
(B)集体利益服从个人利益
(C)集体利益与个人利益相结合
(D)集体利益包含个人利益
26. 保证起重机具的完好率和提高其使用(　　),是起重机具管理工作的非常重要的内容。
(A)效率　(B)效果　(C)频率　(D)次数
27. 爱护公物,要关心爱护、保护国家和企业的财产,敢于同一切(　　)和浪费公共财物的行为作斗争。
(A)破坏　(B)损坏　(C)损害　(D)破害
28. 质量方针规定了企业的质量(　　)和方向,与企业总的经营宗旨相适应。
(A)宗旨　(B)目标　(C)措施　(D)责任
29. 抓好重点,对关键部位或影响质量的(　　)因素,确定管理点,进行重点控制。
(A)关键　(B)相关　(C)重要　(D)重点
30. 对待你不喜欢的工作岗位,正确的做法是(　　)。
(A)干一天,算一天　(B)想办法换自己喜欢的工作
(C)做好在岗期间的工作　(D)脱离岗位,去寻找别的工作
31. 从业人员在职业活动中应遵循的内在的道德准则是(　　)。
(A)爱国、守法、自强　(B)求实、严谨、规范
(C)诚心、敬业、公道　(D)忠诚、审慎、勤勉
32. 关于职业良心的说法中,正确的是(　　)。

(A)如果公司老板对员工好,那么员工干好本职工作就是有职业良心
(B)公司安排做什么。自己就做什么是职业良心的本质
(C)职业良心是从业人员按照职业道德要求尽职尽责地做工作
(D)一辈子不"跳槽"是职业良心的根本表现

33. 关于职业道德,正确的说法是(　　)。
(A)职业道德是从业人员职业资质评价的唯一指标
(B)职业道德是从业人员职业技能提高的决定性因素
(C)职业道德是从业人员在职业活动中应遵循的行为规范
(D)职业道德是从业人员在职业活动中的综合强制要求

34. 关于"职业化"的说法中,正确的是(　　)。
(A)职业化具有一定合理性,但它会束缚人的发展
(B)职业化是反对把劳动作为谋生手段的一种劳动观
(C)职业化是提高从业人员个人和企业竞争力的必由之路
(D)职业化与全球职场语言和文化相抵触

35. 我国社会主义思想道德建设的一项战略任务是构建(　　)。
(A)社会主义核心价值体系　(B)公共文化服务体系
(C)社会主义荣辱观理论体系　(D)职业道德规范体系

36. 职业道德的规范功能是指(　　)。
(A)岗位责任的总体规定效用　(B)规劝作用
(C)爱干什么,就干什么　(D)自律作用

37. 我国公民道德建设的基本原则是(　　)。
(A)集体主义　(B)爱国主义　(C)个人主义　(D)利己主义

38. 关于职业技能,正确的说法是(　　)。
(A)职业技能决定着从业人员的职业前途
(B)职业技能的提高,受职业道德素质的影响
(C)职业技能主要是指从业人员的动手能力
(D)职业技能的形成与先天素质无关

39. 一个人在无人监督的情况下,能够自觉按道德要求行事的修养境界是(　　)。
(A)诚信　(B)仁义　(C)反思　(D)慎独

三、多项选择题

1. 职业道德指的是职业道德是所有从业人员在职业活动中应遵循的行为准则,涵盖了(　　)的关系。
(A)从业人员与服务对象　(B)上级与下级
(C)职业与职工之间　(D)领导与员工

2. 职业道德建设的重要意义是(　　)。
(A)加强职业道德建设,坚决纠正利用职权谋取私利的行业不正之风,是各行各业兴旺发达的保证。同时,它也是发展市场经济的一个重要条件
(B)职业道德建设不仅建设精神文明的需要,也是建设物质文明的需要

(C)职业道德建设对提高全民族思想素质具有重要的作用
(D)职业道德建设能够提高企业的利润,保证盈利水平
3. 企业主要操作规程有( )。
(A)安全技术操作规程 (B)设备操作规程
(C)工艺规程 (D)岗位规程
4. 职业作风的基本要求有( )。
(A)严细认真 (B)讲求效率 (C)热情服务 (D)团结协作
5. 职业道德的主要规范有大力倡导以爱岗敬业、( )为主要内容的职业道德。
(A)诚实守信 (B)办事公道 (C)服务群众 (D)奉献社会
6. 社会主义职业道德的基本要求是( )。
(A)诚实守信 (B)办事公道
(C)服务群众奉献社会 (D)爱岗敬业
7. 职业道德对一个组织的意义是( )。
(A)直接提高利润率 (B)增强凝聚力
(C)提高竞争力 (D)提升组织形象
8. 从业人员做到真诚不欺,要( )。
(A)出工出力 (B)不搭"便车"
(C)坦诚相待 (D)宁欺自己,勿骗他人
9. 从业人员做到坚持原则要( )。
(A)立场坚定不移 (B)注重情感
(C)方法适当灵活 (D)和气为重
10. 执行操作规程的具体要求包括( )。
(A)牢记操作规程 (B)演练操作规程
(C)坚持操作规程 (D)修改操作规程
11. 中国中车集团要求员工遵纪守法,做到( )。
(A)熟悉日常法律、法规 (B)遵守法律、法规
(C)运用常用法律、法规 (D)传播常用法律、法规
12. 从业人员节约资源,要做到( )。
(A)强化节约资源意识 (B)明确节约资源责任
(C)创新节约资源方法 (D)获取节约资源报酬
13. 下列属于《公民道德建设实施纲要》所要提出的职业道德规范是( )。
(A)爱岗敬业 (B)以人为本 (C)保护环境 (D)奉献社会
14. 在职业活动的内在道德准则中,"勤勉"的内在规定性是( )。
(A)时时鼓励自己上进,把责任变成内在的自主性要求
(B)不管自己乐意或者不乐意,都要约束甚至强迫自己干好工作
(C)在工作时间内,如手头暂无任务,要积极主动寻找工作
(D)经常加班符合勤勉的要求
15. 职工个体形象和企业整体形象的关系是( )。
(A)企业的整体形象是由职工的个体形象组成的

(B)个体形象是整体形象的一部分

(C)职工个体形象与企业整体形象没有关系

(D)没有个体形象就没有整体形象,整体形象要靠个体形象来维护

四、判 断 题

1. 抓好职业道德建设,与改善社会风气没有密切的关系。( )

2. 职业道德也是一种职业竞争力。( )

3. 企业员工要认真学习国家的有关法律、法规,对重要规章、制度、条例达到熟知,不需知法、懂法,不断提高自己的法律意识。( )

4. 热爱祖国,有强烈的民族自尊心和自豪感,始终自觉维护国家的尊严和民族的利益是爱岗敬业的基本要求之一。( )

5. 热爱学习,注重自身知识结构的完善与提高,养成学习习惯,学会学习方法,坚持广泛涉猎知识,扩大知识面,是提高职业技能的基本要求之一。( )

6. 坚持理论联系实际不能提高自己的职业技能。( )

7. 企业员工要讲求仪表,着装整洁,体态端正,举止大方,言语文明,待人接物得体,树立企业形象。( )

8. 让个人利益服从集体利益就是否定个人利益。( )

9. 忠于职守的含义包括必要时应以身殉职。( )

10. 市场经济条件下,首先是讲经济效益,其次才是精工细作。( )

11. 质量与信誉不可分割。( )

12. 将专业技术理论转化为技能技巧的关键在于凭经验办事。( )

13. 敬业是爱岗的前提,爱岗是敬业的升华。( )

14. 厂规、厂纪与国家法律不相符时,职工应首先遵守国家法律。( )

15. 道德建设属于物质文明建设范畴。( )

16. 做一个称职的劳动者,必须遵守职业道德,职业道德也是社会主义道德体系的重要组成部分。职业道德建设是公民道德建设的落脚点之一。加强职业道德建设是发展市场经济的一个重要条件。( )

17. 诚实守信是社会主义职业道德的主要内容和基本原则。诚实是守信的基础,守信是诚实的具体表现。( )

18. 法律对道德建设的支持作用表现在两个方面:“规定”和“惩戒”,即通过立法手段选择进而推动一定道德的普及,通过法律惩治严重的不道德行为。( )

19. 社会主义财经职业道德的基本原则是为民理财原则和自主原则。( )

20. 献身科学是科学发展的内在要求,是科技工作者应具备的品质,是科技道德的首要规范。( )

21. 职业道德教育是客观的社会的职业道德活动,而职业道德修养则是个人的主观的道德活动。( )

22. 良好的职业素养是做好本职工作的重要条件。( )

23. 培养职业作风,最根本的是要加强对从业者的思想道德教育,使从业者逐步树立为人民服务的世界观、人生观、道德观。( )

24. 质量方针是根据企业长期经营方针、质量管理原则、质量振兴纲要，国家颁布的质量法规，市场经营变化而制定的。(　　)

25. 对于集体主义，可以理解为集体有责任帮助个人实现个人利益。(　　)

26. 道德不仅对社会关系有调节作用，而且对人们行为有教育作用。(　　)

27. 职业选择属于个人权利的范畴，不属于职业道德的范畴 。(　　)

28. 敬业度高的员工虽然工作兴趣较低，但工作态度与其他员工无差别。(　　)

29. 社会分工和专业化程度的增强，对职业道德提出了更高要求。(　　)

气体深冷分离工(职业道德)答案

一、填 空 题

1. 道德建设　2. 低下　3. 重要　4. 违法　5. 干好一行　6. 安全操作　7. 质量事故　8. 出以公正　9. 行为规范　10. 爱岗敬业　11. 一致的　12. 道德　13. 整洁、安全、舒适、优美　14. 职业纪律　15. 电气火灾　16. 技术水平　17. 基本保证　18. 教育和培训　19. 职业能力测试　20. 法律　21. 职业核心能力　22. 安全　23. 法律制度　24. 道德活动　25. 职业道德　26. 职业观　27. 标准化　28. 主动　29. 忠诚、审慎、勤勉　30. 集体主义　31. 职业道德　32. 忠诚　33. 职业化素养　34. 参考依据　35. 节约　36. 劳保皮鞋　37. 生产计划

二、单项选择题

1. D　2. B　3. C　4. A　5. B　6. D　7. C　8. B　9. B　10. A　11. D　12. B　13. D　14. A　15. C　16. C　17. A　18. B　19. C　20. C　21. A　22. B　23. A　24. D　25. A　26. A　27. A　28. A　29. A　30. C　31. D　32. C　33. C　34. C　35. A　36. A　37. A　38. B　39. D

三、多项选择题

1. AC　2. ABC　3. ABC　4. ABCD　5. ABCD　6. ABCD　7. BCD　8. ABC　9. AC　10. ABC　11. ABCD　12. ABC　13. AD　14. AC　15. ABD

四、判 断 题

1. ×　2. √　3. ×　4. √　5. √　6. ×　7. √　8. ×　9. √　10. ×　11. √　12. ×　13. ×　14. ×　15. ×　16. √　17. √　18. √　19. ×　20. √　21. √　22. √　23. √　24. √　25. ×　26. √　27. ×　28. ×　29. √

气体深冷分离工(初级工)习题

一、填 空 题

1. 表示物体(　　)的物理量称为温度。

2. 华氏温标是在标准大气压下,以(　　)作温度计内的工作介质,并将冰融点定为32 ℃,水的沸点定为212 ℃,两点之间分成180格,每格为1华氏度,以符号"F"表示。

3. 摄氏温标是我国的法定的温度计量单位,摄氏温标单位名称为(　　),单位符号为"℃"。

4. 国际上公认的热力学温度的零度是(　　)℃。

5. 在化学中,把性质相同的同一类原子叫做(　　)。

6. 构成物质且保持这种物质性质的最小微粒叫分子,一切物质包括固体、液体和(　　)都是由分子组成的。

7. 分子是由更小的微粒原子组成,在一定条件下分子能够分解成原子,但(　　)后的原子将不保持原物质的性质。

8. 单位面积上所承受的均匀分布并(　　)于这个面积上的作用力称为压强。

9. 决定气体压强大小的因素有两个,一个是跟气体压缩程度有关,另一个是跟它的(　　)有关。

10. 由前向后把机件向正面作投影所得的图形,称为(　　)。

11. 由上向下把机件向水平面作投影所得的图形,称为(　　)。

12. 由左向右把机件向侧面作投影所得的图形,称为(　　)。

13. 据一般观察,通过人体的电流大约在(　　)A以下的交流电和0.05 A以下的直流电时,不至于有生命危险,如果超过此值情况就非常危险,心脏会停止跳动,呼吸器官麻醉而致死。

14. 生产现场原用的压力计量单位与法定单位的换算:1标准大气压等于(　　)公斤力/平方厘米。

15. 绝对温度T(K)与摄氏温度t(℃)的换算关系:T(K)=(　　)+t(℃)。

16. 绝对压力($P_{绝}$)、表压力($P_{表}$)、当地大气压($P_{大气}$)三者的换算关系为$P_{绝}$=(　　)。

17. 一般情况下,空气中的体积成分氧为(　　),氮为78.03%。

18. 氧的制取方法主要有化学法、电解法、吸附法和(　　)四种。

19. 转动机械必须有安全装置,设备运行时绝对禁止修理或调整。如需修理或调整必须(　　)方可进行。

20. 承压设备及管网发现有泄漏应停车(　　)方可进行处理。

21. 使热量由热流体传给冷流体的设备称为(　　)。

22. 热量总是从温度较高的流体传给温度较低的流体,(　　)是热量传递的动力。

23. 在大气压下氧沸点为(　　)℃,氮沸点为-196 ℃。

24. 均匀垂直作用在物体(　　)上的力,通常称作压力。

25. 在气体行业与日常生活中,压力的计量单位有毫米水柱,它的单位符号是(　　)。

26. 在气体行业与日常生活中,压力的计量单位有毫米汞柱,它的单位符号是(　　)。

27. 生产作业现场用的压力表一般是兆帕表,1兆帕约等于(　　)千克力/厘米^2。

28. 我国法制计量单位中,规定压强的计量单位名称是帕斯卡,单位符号为(　　)。

29. 质量是表示(　　)多少的物理量,质量的符号是"m",单位名称是千克。

30. 体积的法定计量单位是(　　)。

31. 比体积是(　　)占有的体积,是确定物质状态的基本参数之一。

32. 密度是指单位体积的物质具有的(　　)。

33. 自然界中物质呈现的(　　)状态通常有气态、液态和固态三种。

34. 物质从液态变成气态的过程叫做汽化,在其过程中,要(　　)大量的热。

35. 物质汽化过程中一般有两种方式:一是蒸发,二是(　　)。

36. 液体表面的(　　)现象叫做蒸发。

37. 同一种液体的(　　)速度与下列因素有关:液体的表面积、温度、气体压力、液面上气体排除速度等。

38. 液体从内部和表面同时(　　)的现象叫做沸腾。

39. 液体开始沸腾时的(　　)叫沸点。

40. 物质从气态变为(　　)的过程叫液化。

41. 物质从液态变为(　　)的过程叫凝固。

42. 物质从固态不经过液态直接变为(　　)的过程叫升华。

43. 物质从固态变成(　　)的过程称为熔化。

44. 物质开始(　　)时的温度叫熔点。

45. 物质的形态,在(　　)上称为相,液态称为液相,气态称为气相。

46. 物质形态的改变称为相变,在相变过程中,物质要通过两相之间的(　　),从一个相迁移到另一个相中去。

47. 物质在相变过程中,当宏观上物质的迁移停止时,就称为(　　)。

48. 物质的相平衡状态取决于温度和(　　),若有一个条件发生变化,则其对应的相平衡就遭到破坏。

49. 在一个密闭的容器中,气、液两相达到动态平衡时,称为(　　)状态。

50. 只有当气体温度降低到某一温度以下时,对其施加压力,才能使之液化,这个特定的温度成为气体的(　　)。

51. 气体的临界温度越高,就越容易液化,气体的温度比临界温度越低,(　　)所需要的压力越小。

52. 已经液化的气体,一旦温度升至临界温度时,它就必然会由液态迅速(　　)为气态。

53. 气体在温度下,使其液化所需要的(　　),称为临界压力。

54. 气体在临界温度和临界压力下的(　　),称为临界密度。

55. 气瓶是高压气体容器,它由瓶体、瓶阀、瓶颈、瓶帽和(　　)构成。

56. 氧气瓶阀产生着火的内因是(　　)内有可燃物(油脂),外因是产生静电或机械摩擦。

57. 充氧台压力达(　　)时,绝对不允许中途再卡空瓶充灌。

58. 铜制设备的常用焊接方法有三种:锡焊、黄铜气焊、(　　)。

59. 工作前应按规定穿戴好防护用品,服装上严禁沾有(　　)。

60. 氧气系统周围(　　)以内的区域不得吸烟动火和存放各种易燃、易爆物品,若因生产需要动火,则动火周围氧浓度不大于23%。

61. 在制氧设备中最大的危险是燃烧和(　　)。

62. 当失火时,首先分明失火的性质和原因,对不同的火源应采用不同的灭火方法。如油着火时,应用(　　)去扑灭,绝不能用水。

63. 电器设备着火时,不可用泡沫灭火器,而要用(　　)灭火器灭火。

64. 氧气管道着火时,首先要切断气源,再用(　　)灭火。

65. 身上衣服着火时,不能扑打,应该用(　　)将身体裹住,在地上往返滚动。

66. 人工获得低温的方法叫冷冻,冷至−100 ℃以下叫(　　)。

67. 压力是指(　　)在单位面积上的力。

68. 温度是分子热运动平均动能的量度,表现为物体的(　　)。

69. 欧姆定律是流过负载的电流 I 与负载两端的电压 V 成正比,与负载的电阻成(　　)。

70. 淬火是将钢加热到(　　)以上,保温一定时间使奥氏体化后,再以大于临界冷却速度进行快速冷却,从而发生马氏体转变的热处理工艺。

71. 间隙配合是(　　)与轴装配时,有间隙(包括最小间隙等于零)的配合。

72. 剖视图是假想用一个平行于投影面的剖切平面把机件剖开,将处在(　　)和剖切平面之间的部分移去而将其余部分向投影面作投影,所得的图形称为剖视图。

73. 剖面图是假想用(　　)将机件的某部分切断,仅画出被切断表面的图形,称为剖面图。

74. 在标准大气压下,以冰的融点作为0 ℃,水的(　　)作为100 ℃,在0 ℃~100 ℃之间分成100等分,每一等分为1 ℃,这种刻度方法称为摄氏温标。

75. 物体热运动平均动能为0时的温度值定为0 ℃,(　　)与摄氏温标相同,这种温标定为绝对温标。

76. 流量是(　　)内流过的介质数量。

77. 把用人工造成的低温气体所具有(　　)的能力叫冷量。

78. 在(　　)中,我们把容易汽化的组分,称为易挥发组分。

79. 在(　　)中,我们把难汽化的组分,称为难挥发组分。

80. 湿空气在定压下冷却到某一温度时,(　　)开始从湿空气中析出,这种温度称为露点。

81. 相对湿度是指湿空气中的水蒸气含量与当时温度下(　　)所含的水蒸气量之比。

82. 一种物质的两个相彼此处于平衡而形成的一个相对的温度和(　　)之点称为临界点。

83. 当温度一超过某一值时,即使再提高压力也无法再使气体液化,只有温度低于该值时,液化才有可能,这个温度叫(　　)。

84. 在温度不变时,一定质量的气体的(　　)跟它的体积成反比,这就是玻马定律。

85. 气体的质量一定,即气体的总分子数不变,若温度为定值,气体的(　　)不变。

86. 一定质量的气体若体积不变,则其压强与(　　)温度成正比,这就是查理定律。

87. 压强不变时,一定质量的气体的体积跟热力学温度成(　　),这就是盖吕萨克定律。

88. 理想气体是一种理想化的(　　),实际并不存在。

89. 一般气体在压强不太大,温度不太低的条件下,(　　)非常接近理想气体,因此,常把实际气体当作理想气体来处理。

90. 一定质量的(　　),其压强和体积的乘积与热力学温度的比值是一个常数,这就是理想气体状态方程。

91. 压缩气体是永久气体、液化气体和(　　)气体的统称。

92. 永久气体是临界温度小于(　　)℃的气体。

93. 溶解气体是在压力下溶解于瓶内(　　)中的气体。

94. 氧气站低温液体贮槽上的安全阀校验期为(　　)。

95. 氧气瓶的检验期为(　　)。

96. 氮气瓶的检验期为(　　)。

97. 气瓶的水压试验压力,一般为公称工作压力的(　　)。

98. 瓶装气体按《瓶装压缩气体分类》规定可分为(　　)、高压液化气体和低压液化气体三类。

99. 盛装高压液化气体的气瓶,其公称压力不得低于(　　)。

100. 气瓶一般情况下,(　　)以下为小容积,100 L以上为大容积。

101. 高压液化气体是临界温度等于或大于－10 ℃,且等于或小于(　　)℃的气体。

102. 低压液化气体是临界温度大于70 ℃的气体,如液化(　　)等。

103. 吸附气体是吸附于气瓶内吸附剂中的气体,目前只有(　　)一种。

104. 瓶装气体是以压缩、液化、溶解、吸附形式装瓶(　　)的气体。

105. 凡遇火、受热或与氧化性气体(　　)能燃烧或爆炸的气体,统称为可燃性气体。

106. 氧化性气体是自身(　　),但能够帮助和维持燃烧或爆炸的气体。

107. 自燃气体是在低于100 ℃温度下与空气或氧化性气体接触即能(　　)的气体。

108. 非可燃性气体是自身不燃烧,也不能帮助和(　　)燃烧的气体。

109. 毒性气体是会引起(　　)正常功能损伤的气体。

110. 惰性气体是在正常温度或压力下与其他物质无(　　)的气体。

111. 氧气的健康危害是长时间吸入(　　)造成中毒。

112. 常压下,氧浓度超过(　　)时,就有发生氧中毒的可能性。

113. 肺型氧中毒,主要发生在氧分压为1～2个大气压,相当于吸入氧浓度(　　)左右。

114. 肺型(　　)开始时,胸骨后稍有不适感,伴轻咳,进而感胸闷,胸骨后烧灼感和呼吸困难,咳嗽加剧。

115. 肺型氧中毒严重时可发生肺水肿和(　　)。

116. 神经型氧中毒,主要发生于氧分压在3个大气压以上时,相当于吸入氧浓度(　　)以上。

117. 神经型氧中毒开始多出现口唇或面部肌肉抽动,面色苍白,眩晕,心动加速,虚脱,继而出现全身强直性癫痫样抽搐,昏迷,(　　)而死亡。

118. 神经型氧中毒长期处于氧分压为60%～100% kPa的条件下可发生眼损害,严重者可(　　)。

119. 氧气是强氧化剂,助燃,与可燃蒸汽混合可形成(　　)爆炸性混合物。

120. 氧气中毒后,迅速(　　),移至空气新鲜处,呼吸停止时施行呼吸复苏术,心跳停止时,施行心肺复苏术。

121. 氧中毒后要就医观察(　　)小时,以免延误肺水肿的治疗。

122. 如果眼睛接触液氧后,立即用大量水冲洗(　　)以上。

123. 如果皮肤接触液氧后,侵入(　　)中,就医。

124. 氧气的危险特性是与可燃气体形成(　　)混合物,与还原剂能发生强烈反应。

125. 氧比空气略重,在空气中易(　　)。

126. 氧气流速过快容易产生静电积累,放电可引发(　　)。

127. 氧气产生的有害燃烧物是一氧化碳、(　　)。

128. 氧气的灭火方法是切断气源(或液氧),用水冷却容器,以防(　　)。

129. 氧气的灭火剂可选水、泡沫二氧化碳、干粉、砂土等适合周围(　　)的灭火剂。

130. 氧气泄漏的应急处理是迅速堵漏或切断气源,保持(　　)。

131. 氧气泄漏的应急处理是切断一切火源,严防(　　)产生,远离可燃物。人员进入现场须穿戴防护用具。

132. 氧气的操作处置注意事项是操作人员必须经过专门培训,持证上岗,严格遵守操作规程和相应法规,生产设备、管路要严格(　　),劳动防护用具不得有油污。

133. 氧气工作现场(　　),配备相应品种和数量的消防器材和急救物品,有良好的通风措施和静电导出装置。

134. 氧气充装速度小于(　　),充装时间不能少于 30 min。

135. 氧气瓶搬运时轻装轻卸,严禁(　　)。

136. 氧气瓶储存注意事项是避免和(　　)物质共存。

137. 氧气瓶仓储地点距可燃物、道路、建筑,电器设备的(　　)应符合规范规定。

138. 氧气通风良好库房应有(　　)设施。

139. 氧气严禁烟火,配备相应品种和数量的(　　)。

140. 液氧大于(　　)的低温液体容器不能放在室内。

141. 氧气的监测方法是定期取样,进行(　　)分析。

142. 氧气工程控制是(　　)严格密闭,加强通风。

143. 氧气的呼吸系统防护是空气中浓度(　　)消除泄漏气源撤离现场。

144. 眼睛接触液氧环境戴(　　)。

145. 液氧的手防护是戴手套,接触液氧环境(低温)戴(　　)。

146. 氧气工作现场禁止吸烟,工作前避免饮用(　　)饮料。

147. 长时间接触氧气,必须经空气吹(　　)以后才可接触明火。

148. 氧气操作应进行就业前体检和(　　)。

149. 氧的外观与形状是无色、无味气体或(　　)低温液体。

150. 氧的熔点是(　　)℃。

151. 氧的相对密度是(　　)。

152. 氧的沸点是(　　)℃。

153. 氧相对蒸气密度是(　　)。

154. 氧的饱和蒸气压(kPa)是(　　)。

155. 氧气的临界温度是(　　)℃。

156. 氧气的临界压力是(　　)MPa 。

157. 氧气的溶解性是微溶于水、(　　)。

158. 氧气的禁配物是(　　)。

159. 氧气避免接触的条件是明火高热,(　　),还原剂。

160. 氧气的急性毒性是豚鼠一次吸入 100%氧(　　)后死亡。

161. 氧中毒的主要表现是呼吸加深加快,脉率增速脉波加强,(　　),肢体肌肉协调动作稍差缺、乏力。

162. 氧中毒的表现有精神不集中,反应迟钝,思维紊乱头晕、头痛、恶心、呕吐、意识朦胧、紫绀心率低钝,脉波微弱,血压下降,潮式呼吸或呼吸停顿抽搐,(　　)继而心跳呼吸停止死亡。

163. 氧的(　　)编号:22001(压缩)、22002(液化)。

164. 氧的包装标志是(　　)。

165. 永久性气体气瓶旧称(　　)气瓶。

二、单项选择题

1. 国际上长度的基本单位是(　　)。

(A)尺　　(B)米　　(C)英尺　　(D)公里

2. 选择表示温度不对的写法(　　)。

(A)20 摄氏度　　(B)20 ℃　　(C)摄氏 20 度　　(D)20 K

3. 选择下列描述性长度的正确写法(　　)。

(A)425 mm±5 mm　　(B)1.83 m　　(C)1 m73 cm　　(D)1 m54

4. 在负载中,电流的方向与电压的方向总是(　　)的。

(A)相同　　(B)相反

(C)视具体情况而定　　(D)任意

5. 根据欧姆定律,相同的电压作用下(　　)。

(A)电阻越大,电流越大　　(B)电阻越大,电流越小

(C)电阻越小,电流越小　　(D)电流大小与电阻无关

6. 氧气的分子量是(　)。

(A)22　　(B)32　　(C)42　　(D)52

7. 氮气的分子量是(　　)。

(A)18　　(B)28　　(C)38　　(D)48

8. 空气的分子量是(　　)。

(A)29　　(B)39　　(C)49　　(D)59

9. 氧气站低温液体贮槽上的压力表应至少(　　)校验一次。

(A)三个月　　(B)四个月　　(C)半年　　(D)一年

10. 目前氧气站液体分装使用的液氧低温液体贮槽最高工作压力是(　　)。

(A)0.8 MPa (B)1.6 MPa (C)2.5 MPa (D)3.2 MPa

11. 低温液体泵油面必须保持视油镜的(　　)。

(A)1/4 (B)1/3 (C)1/2 (D)2/3

12. 氧气站现在正在运行的液氧低温贮槽的最大容积是(　　)。

(A)25 m^3 (B)30 m^3 (C)35 m^3 (D)40 m^3

13. 氧气站现在正在运行的液氮低温贮槽的最大容积是(　　)。

(A)15 m^3 (B)25 m^3 (C)35 m^3 (D)45 m^3

14. 工业氧的国家标准是氧含量优等品≥(　　)。

(A)99.2% (B)99.5% (C)99.7% (D)99.8%

15. 工业氧的国家标准是一等品≥(　　)。

(A)99.2% (B)99.5% (C)99.7% (D)99.8%

16. 工业氧的国家标准是合格品≥(　　)。

(A)99.2% (B)99.5% (C)99.7% (D)99.8%

17. 工业氧的国家标准是合格品游离水不大于(　　)。

(A)100 毫升/瓶 (B)150 毫升/瓶 (C)200 毫升/瓶 (D)300 毫升/瓶

18. 工业氮的国家标准是氮含量优等品≥(　　)。

(A)99.2% (B)99.5% (C)99.7% (D)99.8%

19. 工业氮的国家标准是一等品≥(　　)。

(A)99.2% (B)99.5% (C)99.7% (D)99.8%

20. 工业氮的国家标准是合格品≥(　　)。

(A)99.2% (B)99.5% (C)99.7% (D)98.5%

21. 工业氮的国家标准是合格品游离水不大于(　　)。

(A)100 毫升/瓶 (B)150 毫升/瓶 (C)200 毫升/瓶 (D)300 毫升/瓶

22. 纯氮的国家标准是氮含量优等品≥(　　)。

(A)99.99% (B)99.993% (C)99.996% (D)99.999%

23. 纯氮的国家标准是一等品≥(　　)。

(A)99.99% (B)99.993% (C)99.996% (D)99.999%

24. 纯氮的国家标准是合格品≥(　　)。

(A)99.95% (B)99.99% (C)99.995% (D)99.999%

25. 高纯氮的国家标准是氮含量优等品≥(　　)。

(A)99.999% (B)99.999 3% (C)99.999 6% (D)99.999 8%

26. 高纯氮的国家标准是一等品≥(　　)。

(A)99.999% (B)99.999 3% (C)99.999 6% (D)99.999 8%

27. 高纯氮的国家标准是合格品≥(　　)。

(A)99.999% (B)99.999 3% (C)99.999 6% (D)99.999 8%

28. 现阶段的质量管理体系称为(　　)。

(A)统计质量管理 (B)检验员质量管理

(C)一体化质量管理 (D)全面质量管理

29. 工作人员接到违反安全规程的命令,应(　　)。

(A)服从命令　　(B)执行后向上级汇报
(C)拒绝执行并立即向上级报告　　(D)向上级汇报后再执行。

30. 新参加工作人员必须经过(　　)三级安全教育,经考试合格后才可进场。
(A)厂级教育、分厂教育(车间教育)、班组教育
(B)厂级教育、班组教育、岗前教育
(C)厂级教育、分厂教育、岗前教育
(D)分厂教育、岗前教育、班组教育

31. 锉刀的锉纹有(　　)。
(A)尖纹和圆纹　　(B)斜纹和尖纹
(C)单纹和双纹　　(D)斜纹和双纹

32. 全面质量管理概念源于(　　)。
(A)美国　　(B)英国　　(C)日本　　(D)德国

33. 胸外按压与口对口人工呼吸同时进行,单人抢救时,每按压(　　)次后,吹气(　　)次。
(A)5,3　　(B)3,1　　(C)15,2　　(D)15,1

34. 在进行气焊工作时,氧气瓶与乙炔瓶之间的距离不得小于(　　)m。
(A)4　　(B)6　　(C)8　　(D)10

35. 锉刀按用途可分为(　　)。
(A)普通锉、特种锉、整形锉　　(B)粗齿锉、中齿锉、细齿锉
(C)大号、中号、小号　　(D)1 号、2 号、3 号

36. 丝锥的种类分为(　　)。
(A)英制、公制、管螺纹　　(B)手工、机用、管螺纹
(C)粗牙、中牙、细牙　　(D)大号、中号、小号

37. 有效数字不是 5 位的是(　　)。
(A)3.141 6　　(B)43.720　　(C)3.127 8　　(D)0.427 8

38. 0.173 894 7 取 5 位有效数字,正确的是(　　)。
(A)0.173 89　　(B)0.173 9　　(C)0.173 8　　(D)0.173 40

39. 电阻串联时,当在支路两端施加一定的电压时,各电阻上的电压为(　　)。
(A)电阻越大,电压越大　　(B)电阻越大,电压越小
(C)电阻越小,电压越大　　(D)与电阻的大小无关

40. 热电阻测温元件一般应插入管道(　　)。
(A)5～10 mm　　(B)越过中心线 5～10 mm
(C)100 mm　　(D)任意长度

41. 在工作台面上安装台虎钳时,其钳口与地面高度应是(　　)。
(A)站立时的腰部　　(B)站立时的肘部
(C)站立时的胸部　　(D)站立时的膝部

42. 轴承与孔配合时,利用锤击法,则力要作用在(　　)上。
(A)轴承　　(B)孔　　(C)外环　　(D)内环

43. 锉削的表面不可用手摸擦,以免锉刀(　　)。

(A)生锈　(B)打滑　(C)影响工件精度　(D)变钝

44. 乙炔瓶工作时要求(　　)放置。

(A)水平　(B)垂直　(C)倾斜　(D)倒置

45. 乙炔瓶的放置距明火不得小于(　　)。

(A)5 m　(B)7 m　(C)10 m　(D)15 m

46. 确定尺寸精确程度的公差等级共有(　　)级。

(A)12　(B)14　(C)18　(D)20

47. 5 英分写成(　　)。

(A)1/2　(B)5/12　(C)5/8　(D)6/8

48. 金属导体的电阻与(　　)无关。

(A)导体的长度　(B)导体的截面积　(C)材料的电阻率　(D)外加电压

49. 在串联电路中,电源内部电流(　　)。

(A)从高电位流向低电位　(B)从低电位流向高电位

(C)等于零　(D)无规则流动

50. 一个工程大气压(kgf/cm^2)相当于(　　)毫米汞柱。

(A)1 000　(B)13.6　(C)735.6　(D)10 000

51. 电焊机一次测电源线应绝缘良好,长度不得超过(　　),超长时应架高铺设。

(A)3 m　(B)5 m　(C)6 m　(D)6.5 m

52. 下列单位中属于压力单位的是(　　)。

(A)焦耳　(B)牛顿·米　(C)牛顿/米^2　(D)公斤·米

53. 物质从液态变为气态的过程叫(　　)。

(A)蒸发　(B)汽化　(C)凝结　(D)平衡

54. 平垫圈主要是为了增大(　　),保护被连接件。

(A)摩擦力　(B)接触面积　(C)紧力　(D)螺栓强度

55. 一个工程大气压(kgf/cm^2)相当于(　　)毫米水柱。

(A)10 000　(B)13 300　(C)98 066　(D)10 200

56. 两个 5 Ω 的电阻并联在电路中,其总电阻值为(　　)。

(A)10 Ω　(B)2/5 Ω　(C)2.5 Ω　(D)1.5 Ω

57. 有 4 块压力表,其量程如下,它们的误差绝对值都是 0.2 MPa,准确度最高的是(　　)。

(A)1 MPa　(B)6 MPa　(C)10 MPa　(D)8 MPa

58. 压力增加后,饱和水的密度(　　)。

(A)增大　(B)减小　(C)不变　(D)波动

59. 划针尖端应磨成(　　)。

(A)10°～15°　(B)15°～20°　(C)20°～25°　(D)25°～30°

60. 不同直径管子对口焊接,其内径差不宜超过(　　),否则,应采用变径管。

(A)0.5 mm　(B)1 mm　(C)2 mm　(D)3 mm

61. 管路支架的间距宜均匀,无缝钢管水平敷设时,支架距离为(　　)。

(A)0.8～1 m　(B)1～1.5 m　(C)1.5～2 m　(D)2～2.5 m

62. 无缝钢管垂直敷设时,支架距离为(　　)。

(A)1.5～2 m　(B)2～2.5 m　(C)2.5～3 m　(D)3～3.5 m

63. 就地压力表，其刻度盘中心距地面高度宜为(　　)。

(A)1.2 m　(B)1.5 m　(C)1.8 m　(D)1 m

64. 电线管的弯成角度不应小于(　　)。

(A)90°　(B)115°　(C)130°　(D)120°

65. 就地压力表采用的导管外径不应小于(　　)。

(A)ϕ10 mm　(B)ϕ12 mm　(C)ϕ14 mm　(D)ϕ16 mm

66. 弹簧管压力表上的读数为(　　)。

(A)绝对压力　(B)表压力

(C)表压力与大气压之和　(D)表压力减去大气压

67. 管子在安装前，端口应临时封闭，以避免(　　)。

(A)管头受损　(B)生锈　(C)脏物进入　(D)变形

68. 就地压力表安装时，其与支点的距离应尽量缩短，最大不应超过(　　)。

(A)400 mm　(B)600 mm　(C)800 mm　(D)1 000 mm

69. 管路敷设完毕后，应用(　　)进行冲洗。

(A)煤油　(B)水或空气　(C)蒸汽　(D)稀硫酸

70. 弹簧管式压力表中，游丝的作用是为了(　　)。

(A)减小回程误差　(B)固定表针

(C)提高灵敏度　(D)平衡弹簧管的弹性力

71. 划针一般用(　　)制成。

(A)不锈钢　(B)高碳钢　(C)弹簧钢　(D)普通钢

72. 划针盘是用来(　　)。

(A)划线或找正工件的位置　(B)划等高平行线

(C)确定中心　(D)测量高度

73. 使用砂轮时人应站在砂轮(　　)。

(A)正面　(B)侧面　(C)两砂轮中间　(D)背面

74. 钢直尺使用完毕，将其擦净封闭起来或平放在平板上，主要是为了防止直尺(　　)。

(A)碰毛　(B)弄脏　(C)变形　(D)折断

75. 37.37 毫米＝(　　)。

(A)1.443 英寸　(B)1.496 英寸　(C)1.438 英寸　(D)1.471 英寸

76. 瓶装溶解乙炔的纯度是(　　)。

(A)95%　(B)96%　(C)97%　(D)98%

77. 纯氩的国家标准是氩纯度≥(　　)。

(A)99.95%　(B)99.99%　(C)99.993%　(D)99.996%

78. 高纯氩的国家标准是氩含量优等品≥(　　)。

(A)99.999%　(B)99.999 3%　(C)99.999 6%　(D)99.999 8%

79. 高纯氩的国家标准是一级品≥(　　)。

(A)99.999%　(B)99.999 3%　(C)99.999 6%　(D)99.999 8%

80. 高纯氩的国家标准是合格品≥(　　)。

(A)99.999%　(B)99.999 3%　(C)99.999 6%　(D)99.999 8%

81. 高纯氧的国家标准是氧含量优等品≥(　　)。

(A)99.999%　(B)99.999 3%　(C)99.999 6%　(D)99.999 8%

82. 高纯氧的国家标准是一等品≥(　　)。

(A)99.998%　(B)99.999%　(C)99.999 3%　(D)99.999 6%

83. 高纯氧的国家标准是合格品≥(　　)。

(A)99.95%　(B)99.99%　(C)99.995%　(D)99.999%

84. 医用氧的国家标准是氧含量≥(　　)。

(A)99.2%　(B)99.3%　(C)99.4%　(D)99.5%

85. 高纯氧的国家标准是水分含量(露点)≤(　　)。

(A)43 ℃　(B)45 ℃　(C)50 ℃　(D)55 ℃

86. 容积大于等于(　　)的球形储罐属于三类压力容器。

(A)43 m^3　(B)45 m^3　(C)50 m^3　(D)55 m^3

87. 容积大于(　　)的低温液体储存压力容器属于三类压力容器。

(A)4 m^3　(B)5 m^3　(C)10 m^3　(D)15 m^3

88. 氧的分析方法中错误的是(　　)。

(A)铜氨溶液比色法　(B)铜氨溶液法

(C)保险粉溶液吸收法　(D)磁氧分析器测定法

89. 氮气纯度分析的连续测定方法中错误的是(　　)。

(A)光电法　(B)黄磷吸收法

(C)原电池法　(D)磁氧分析器测定法

90. 必须严格控制液氧中乙炔含量不得超过(　　)。

(A)0.24 mg/L　(B)0.15 mg/L

(C)0.10 mg/L　(D)0.015 mg/L

91. 液氧中的含油量不得超过(　　)。

(A)0.24 mg/L　(B)0.15 mg/L

(C)0.10 mg/L　(D)0.015 mg/L

92. 气瓶一般情况下,12 L以下为小容积,(　　)以上为大容积。

(A)80 L　(B)90 L　(C)100 L　(D)150 L

93. 氧气站的低温液体泵的最大排出流量为(　　)。

(A)300 L/h　(B)400 L/h　(C)500 L/h　(D)600 L/h

94. 氧气站的低温汽化器的最高工作压力为(　　)。

(A)10 MPa　(B)12 MPa　(C)15 MPa　(D)17 MPa

95. 操作规程规定,氧、氮气瓶的充装压力最高不超过(　　)。

(A)14 MPa　(B)14.5 MPa　(C)15 MPa　(D)15.5 MPa

96. 氧气瓶正在充装时,每排充装时间不得低于(　　)。

(A)15 min　(B)20 min　(C)25 min　(D)30 min

97. 氧气的熔点是(　　)。

(A)－218.8 ℃　(B)－228.8 ℃　(C)－238.8 ℃　(D)－248.8 ℃

98. 氧气与空气的相对密度是(　　)。

(A)1.43　　(B)1.53　　(C)1.63　　(D)1.73

99. 当氧气浓度超过40%时,就可能发生氧气中毒,当吸入的氧气浓度在(　　)以上时,则会出现眩晕、心动过速、虚脱、昏迷、抽搐、呼吸衰竭而死亡。

(A)60%　　(B)70%　　(C)80%　　(D)90%

100. 当空气中氩气浓度高于(　　)时就有窒息的危险。

(A)23%　　(B)33%　　(C)43%　　(D)53%

101. 当氩气浓度超过50%时,出现严重症状,浓度达到(　　)以上时,能在数分钟内死亡。

(A)65%　　(B)75%　　(C)85%　　(D)95%

102. 氧气瓶外表面颜色为(　　),字样颜色为(　　)。

(A)天蓝、黑色　　(B)天蓝、红色　　(C)深绿、黑色　　(D)深绿、白色

103. 根据经验气温每降低10 ℃,氧气瓶内压力约降(　　)。

(A)0.2 MPa　　(B)0.3 MPa　　(C)0.4 MPa　　(D)0.5 MPa

104. 氧气瓶残余变形率大于(　　)应报废。

(A)5%　　(B)6%　　(C)10%　　(D)15%

105. 关于容易发生氧气瓶阀着火情况的说法错误的是(　　)。

(A)压力达到10 MPa以上继续补充空瓶时　　(B)充瓶后关阀时

(C)充完瓶往气柜倒余气时　　(D)刚开始开阀充气时

106. 氧气管道着火时,首先切断气源,再用(　　)灭火。

(A)水和二氧化碳灭火器　　(B)二氧化碳或四氯化碳灭火器

(C)泡沫或二氧化碳灭火器　　(D)泡沫或四氯化碳灭火器

107. 安全生产的方针是“安全第一,(　　),安全为了生产,生产必须安全”。

(A)预防为主　　(B)生产第二　　(C)减少事故　　(D)降低死亡

108. 氧气站内动火,室内含氧量经化验,不能超过(　　)。

(A)21%　　(B)23%　　(C)25%　　(D)30%

109. 氧气站储气罐顶部安全阀校验期为(　　)。

(A)三个月　　(B)四个月　　(C)半年　　(D)一年

110. 氩气的熔点是(　　)。

(A)−179.2 ℃　　(B)−189.2 ℃　　(C)−199.2 ℃　　(D)−209.2 ℃

111. 液氩的相对密度是(　　)。

(A)1.21　　(B)1.531　　(C)1.41　　(D)1.51

112. 氩的沸点是(　　)。

(A)−185.9 ℃　　(B)−186.9 ℃　　(C)−187.9 ℃　　(D)−188.9 ℃

113. 相对蒸气密度是(　　)。

(A)1.08　　(B)1.18　　(C)1.28　　(D)1.38

114. 氩气的饱和蒸气压(kPa)是(　　)。

(A)159.99　　(B)169.99　　(C)179.99　　(D)189.99

115. 氩气的临界温度是(　　)。

(A)－121.4 ℃ (B)－122.4 ℃ (C)－123.4 ℃ (D)－124.4 ℃

116. 氩气的临界压力(MPa)是(　　)。

(A)4.564 (B)4.664 (C)4.764 (D)4.864

117. 氮的熔点是(　　)。

(A)－209.8 ℃ (B)－219.8 ℃ (C)－229.8 ℃ (D)－239.8 ℃

118. 液氮的相对密度(水＝1)是(　　)。

(A)0.61 (B)0.71 (C)0.81 (D)0.91

119. 氮气的相对密度(空气＝1)是(　　)。

(A)0.67 (B)0.77 (C)0.87 (D)0.97

120. 流过负载的电流 I 与负载两端的电压 U 成(　　)。

(A)正比 (B)反比 (C)没关系 (D)其他

121. 将钢加热到(　　)以上，保温一定时间使奥氏体化后，再以大于临界冷却速度进行快速冷却，从而发生马氏体转变的热处理工艺，称为淬火。

(A)临界点 (B)熔点 (C)沸点 (D)冰点

122. 间隙配合是孔与轴装配时，有(　　)的配合。

(A)间隙 (B)过盈 (C)间隙或过盈 (D)其他

123. 假想用一个平行于投影面的剖切平面把机件剖开，将处在(　　)和剖切平面之间的部分移去而将其余部分向投影面作投影，所得的图形称为剖视图。

(A)前面 (B)后面 (C)侧面 (D)观察者

124. 假想用剖切平面将机件的某部分切断，仅画出被切断表面的图形，称为(　　)。

(A)主视图 (B)侧视图 (C)俯视图 (D)剖面图

125. 从分子运动论观点看，温度是分子(　　)平均动能的量度。表现为物体的冷热程度。

(A)热运动 (B)运动 (C)冷运动 (D)其他

126. 摄氏温标在标准大气压下，以冰的融点作为 0 ℃，水的沸点作为(　　)，在 0～100 ℃之间分成一百等分，每一等分为一度，这种刻度方法称为摄氏温标。

(A)30 ℃ (B)50 ℃ (C)100 ℃ (D)200 ℃

127. 物体热运动平均动能为(　　)时的温度值定为 0 ℃，分度值与摄氏温标相同，这种温标定为绝对温标。

(A)0 (B)50 (C)100 (D)200

128. 物体(　　)上所受的垂直作用力称为压强，俗称压力。

(A)面积 (B)体积 (C)单位面积 (D)全部

129. (　　)内流过的介质数量，称之为流量。

(A)一定时间 (B)单位时间 (C)全部时间 (D)一分钟

130. 氧气的溶解性是微溶于水、(　　)、丙酮。

(A)四氯化碳 (B)酒精 (C)生理盐水 (D)碘酒

131. 氧气的禁配物是(　　)。

(A)还原剂 (B)氧化剂 (C)生理盐水 (D)碘酒

132. 压力容器分为低压、中压、高压、超高压四个等级，低压的压力范围是(　　)。

(A)0.1~1.6 MPa (B)1.6~10 MPa (C)10~100 MPa (D)大于100 MPa

133. 压力容器分为低压、中压、高压、超高压四个等级,中压的压力范围是( )。

(A)0.1~1.6 MPa (B)1.6~10 MPa (C)10~100 MPa (D)大于100 MPa

134. 把用( )造成的低温气体所具有吸收热量的能力叫冷量。

(A)自然 (B)天然 (C)人工 (D)综合

135. 在混合物中,我们把容易( )的组分,称为易挥发组分。

(A)熔化 (B)溶解 (C)蒸发 (D)汽化

136. 在混合物中,我们把难( )的组分,称为难挥发组分。

(A)熔化 (B)溶解 (C)蒸发 (D)汽化

137. 湿空气在( )下冷却到某一温度时,水分开始从湿空气中析出,这种温度称为露点。

(A)标准状况 (B)一大气压 (C)定压 (D)一兆帕

138. 湿空气中的( )含量与当时温度下饱和湿空气所含的水蒸气量之比,称之为相对湿度。

(A)水 (B)水蒸气 (C)氧气 (D)氮气

139. 一种物质的两个相彼此处于平衡而形成的一个相对的温度和压力之点称为( )。

(A)熔点 (B)沸点 (C)临界点 (D)其他

140. 当温度一超过某一值时,即使再提高压力也无法再使气体液化,只有温度低于该值时,( )才有可能。

(A)熔化 (B)溶解 (C)汽化 (D)液化

141. 人工合成的晶体铝硅酸盐,像离子交换器那样用来吸收或分离一些分子,这种笼形化合物叫做( )。

(A)原子筛 (B)分子筛 (C)混合筛 (D)其他

142. 吸附剂让被吸组分( )以后,就失去了吸附能力。

(A)吸收 (B)排出 (C)饱和 (D)中和

143. 液态物质在温度降低到( )以下仍不凝固,这种液体就叫过冷液体。

(A)熔点 (B)冰点 (C) 凝固点 (D)其他

144. 压力容器分为低压、中压、高压、超高压四个等级,高压的压力范围是( )。

(A)0.1~1.6 MPa (B)1.6~10 MPa (C)10~100 MPa (D)大于100 MPa

145. 压力容器分为低压、中压、高压、超高压四个等级,超高压的压力范围是( )。

(A)0.1~1.6 MPa (B)1.6~10 MPa (C)10~100 MPa (D)大于100 MPa

146. 永久性气体气瓶是指充装临界温度小于( )的气体的气瓶。

(A)−10 ℃ (B)−15 ℃ (C)−20 ℃ (D)−25 ℃

147. 一般情况下,溶解气体气瓶的最高工作压力小于( )。

(A)1.0 MPa (B)2.0 MPa (C)3.0 MPa (D)4.0 MPa

148. 氧气管道超过( )时应采用铜材料。

(A)8.0 MPa (B)9.0 MPa (C)10.0 MPa (D)100.0 MPa

149. 空气分离装置以( )为原料,生产氧、氩、氮及其他稀有气体的装置。

(A)空气 (B)氧气 (C)氮气 (D)惰性气体

150. 据一般观察，通过人体的电流大约在(　　)以下的交流电不至于有生命危险。
(A)0.1 A　(B)0.01 A　(C)0.05 A　(D)0.15 A
151. 据一般观察，通过人体的电流大约在(　　)以下的直流电不至于有生命危险。
(A)0.1 A　(B)0.01 A　(C)0.05 A　(D)0.15 A
152. 生产现场原用的压力计量单位与法定单位的换算：1 标准大气压等于(　　)汞柱。
(A)560 mm　(B)660 mm　(C)760 mm　(D)860 mm
153. 生产现场原用的压力计量单位与法定单位的换算：1 标准大气压等于(　　)。
(A)0.1 MPa　(B)0.01 MPa　(C)0.05 MPa　(D)0.15 MPa
154. 绝对温度 T(K)与摄氏温度 t(℃)的换算关系：T(K)＝(　　)＋t(℃)。
(A)173　(B)273　(C)373　(D)473
155. 一般情况下，空气中的体积成分氧为 20.93%，氮为(　　)。
(A)68.03%　(B)78.03%　(C)88.03%　(D)98.03%
156. 使热量由热流体传给冷流体的设备称为(　　)。
(A)换气设备　(B)加热炉　(C)保温设备　(D)换热设备
157. 热量总是从温度较高的流体传给温度较低的流体，(　　)是热量传递的动力。
(A)温度　(B)压力　(C)温度差　(D)压力差
158. 液氧的相对密度是(　　)。
(A)1.04　(B)1.14　(C)1.24　(D)1.34
159. 氧的沸点是(　　)。
(A)－183 ℃　(B)－193 ℃　(C)－203 ℃　(D)－213 ℃
160. 氧相对蒸气密度是(　　)。
(A)1.005　(B)1.105　(C)1.205　(D)1.305
161. 氧的饱和蒸气压是(　　)/－160 ℃。
(A)540 kPa　(B)640 kPa　(C)740 kPa　(D)840 kPa
162. 氧气的临界温度是(　　)。
(A)－88.6 ℃　(B)－98.6 ℃　(C)－108.6 ℃　(D)－118.6 ℃
163. 氧气的临界压力是(　　)。
(A)2.08 MPa　(B)3.08 MPa　(C)4.05 MPa　(D)5.08 MPa
164. 在标准状况下，1 L 液氧蒸发为气态氧的数量约为(　　)。
(A)600 L　(B)700 L　(C)800 L　(D)900 L
165. 在标准状况下，1 L 液氩蒸发为气态氩的数量约为(　　)。
(A)680 L　(B)780 L　(C)880 L　(D)980 L

三、多项选择题

1. 决定气体压强大小的因素有(　　)。
(A)气体压缩程度　(B)温度　(C)种类　(D)性质
2. 我国气体行业中，常用的压力名称有(　　)。
(A)标准大气压　(B)绝对压力　(C)工程大气压　(D)表压力
3. 物质的三态是指(　　)。

(A)固态　　(B)液态　　(C)气态　　(D)饱和状态

4. 工业气瓶从结构上分类分为(　　)。

(A)无缝气瓶　　(B)焊接气瓶　　(C)组合气瓶　　(D)非组合气瓶

5. 工业气瓶从材质上分类分为(　　)。

(A)钢质气瓶　　(B)铝合金气瓶　　(C)复合气瓶　　(D)其他材料气瓶

6. 工业气瓶从用途上分类分为(　　)。

(A)永久气体气瓶　　(B)液化气体气瓶　　(C)溶解乙炔气瓶　　(D)非溶解气瓶

7. 工业气瓶从制造方法上分类分为(　　)。

(A)拉伸气瓶　　(B)收口气瓶　　(C)焊接气瓶　　(D)绕丝气瓶

8. 工业气瓶从承受压力上分类分为(　　)。

(A)高压气瓶　　(B)中压气瓶　　(C)低压气瓶　　(D)超高压气瓶

9. 工业气瓶从使用要求上分类分为(　　)。

(A)一般气瓶　　(B)专用气瓶　　(C)通用气瓶　　(D)特殊气瓶

10. 工业气瓶从形状上分类分为(　　)。

(A)瓶形气瓶　　(B)桶形气瓶　　(C)球形气瓶　　(D)葫芦形气瓶

11. 无缝气瓶是由下列(　　)部分组成。

(A)瓶口、瓶颈　　(B)瓶肩、筒体　　(C)瓶根　　(D)瓶底

12. 无缝气瓶的附件包括(　　)。

(A)瓶阀　　(B)瓶帽　　(C)瓶链　　(D)防震圈

13. 焊接气瓶常见的表面缺陷有(　　)。

(A)咬边、错边　　(B)焊瘤、凹坑　　(C)表面气孔　　(D)表面裂纹

14. 焊接气瓶常见的内部缺陷有(　　)。

(A)裂纹　　(B)未焊透　　(C)夹渣　　(D)气孔

15. 永久气体液态输送与气态充瓶输送比较,正确的说法是(　　)。

(A)前者需要大量的钢瓶　　(B)前者降低运输成本

(C)前者扩大了使用范围　　(D)前者质量更有保证

16. 气瓶充装前逐只进行认真检查是为了(　　)而发生各种事故。

(A)防止在充装过程中　　(B)防止由于混装、错装、换装

(C)防止超期服役　　(D)防止误用报废瓶

17. 乙炔在充装过程中对气瓶喷淋冷却水的目的是(　　)。

(A)冷却乙炔瓶　　(B)防止静电产生

(C)加快乙炔在丙酮中的溶解速度　　(D)降低乙炔在丙酮中的溶解速度

18. 工业气瓶在定期检验中,水压试验的合格标准是(　　)。

(A)在试验压力下,瓶体不得有宏观变形、渗漏

(B)压力表无回降现象

(C)高压气瓶的容积残余变形率不得超过5%

(D)高压气瓶的容积残余变形率不得超过10%

19. 低温液体贮槽的安全使用管理制度中,下列说法正确的是(　　)。

(A)办理《压力容器使用证》,并在质监部门注册

(B)常规检验半年一次
(C)常规检验每年一次
(D)安全阀、压力表应定期检验
20. 常见的温度计有(　　)。
(A)水银温度计　　(B)酒精温度计　　(C)电阻温度计　　(D)热电偶温度计
21. 常用的温标有(　　)。
(A)华氏温标　　(B)摄氏温标　　(C)热力学温标　　(D)气体学温标
22. 关于物质汽化过程中的方式,正确的说法是(　　)。
(A)升华　　(B)蒸发　　(C)沸腾　　(D)挥发
23. 物质蒸发具有的特征是(　　)。
(A)液体在任意温度下都可以蒸发　　(B)在高温下蒸发
(C)蒸发现象仅发生在液体的表面　　(D)在低温下蒸发
24. 同一种液体的蒸发速度与下列因素有关的是(　　)。
(A)表面积　　(B)温度　　(C)气体排除速度　　(D)气体压力
25. 物质相平衡状态取决于(　　)。
(A)压力　　(B)温度　　(C)体积　　(D)密度
26. 气体在临界状态下经常用到的参数是(　　)。
(A)临界压力　　(B)临界温度　　(C)临界体积　　(D)临界密度
27. 常用的气体的基本定律有(　　)。
(A)欧姆定律　　(B)玻马定律　　(C)查理定律　　(D)盖吕萨克定律
28. 瓶装压缩气体分类分为(　　)。
(A)永久气体　　(B)液化气体　　(C)溶解气体　　(D)挥发气体
29. 瓶装混合气体按其在瓶内的状态分为(　　)。
(A)气态混合气　　(B)液态混合气　　(C)溶解气体　　(D)挥发气体
30. 特种气体分类分为(　　)。
(A)电子气体　　(B)标准气体　　(C)稀有气体　　(D)集成气体
31. 物质燃烧三要素是指(　　)。
(A)可燃物　　(B)助燃物　　(C)火源　　(D)静电
32. 气体的爆炸分类为(　　)。
(A)物理性爆炸　　(B)化学性爆炸　　(C)燃烧式爆炸　　(D)静电式爆炸
33. 所谓可燃性气体,包括(　　)等部分。
(A)自燃气体　　(B)可燃气体　　(C)易燃气体　　(D)助燃气体
34. 对于瓶装可燃气体,下列说法正确的是(　　)。
(A)与空气混合时爆炸下限越低,则危险程度越高
(B)与空气混合时爆炸范围越宽,则危险程度越高
(C)高燃点越低,则危险程度越高
(D)密度比空气越大,则危险程度越高
35. 分解爆炸产生的条件是(　　)。
(A)临界压力　　(B)激发能源　　(C)温度　　(D)空气

36. 气体毒性级别分为(　　)。

(A)极度危害　(B)高度危害　(C)中度危害　(D)轻度危害

37. 关于氧气的用途,下列说法正确的是(　　)。

(A)钢铁企业不可缺少的原料　(B)在机械工业中应用十分广泛

(C)作重油或煤粉的氧化剂　(D)企业生产所必需的气体

38. 下列制取氧气的方法中,正确的是(　　)。

(A)深度冷冻法　(B)电解法　(C)吸附法　(D)化学法

39. 关于氮气的用途,下列说法正确的是(　　)。

(A)氮肥工业的主要原料　(B)冶金工业中的保护气

(C)作为洗涤气　(D)企业生产所必需的气体

40. 下列制取氮气的方法中,正确的是(　　)。

(A)深度冷冻法　(B)电解法　(C)吸附法　(D)其他

41. 关于氢气的用途,下列说法正确的是(　　)。

(A)填充气球　(B)加工石英器件

(C)液态是飞机、火箭的燃料　(D)用作保护气体和还原气体

42. 下列制取氢气的方法中,正确的是(　　)。

(A)深度冷冻法　(B)电解法　(C)变压吸附法　(D)其他

43. 关于氩气的用途,下列说法正确的是(　　)。

(A)填充气球　(B)用作还原气体　(C)用作载气　(D)作为保护气

44. 关于氦气的用途,下列说法正确的是(　　)。

(A)成为一种战略物资　(B)制造核武器　(C)用作载气　(D)作为保护气

45. 关于二氧化碳的性质,下列说法正确的是(　　)。

(A)无色　(B)无臭　(C)稍有酸味　(D)无毒性

46. 关于二氧化碳的用途,下列说法正确的是(　　)。

(A)制冷剂　(B)保护气　(C)用作载气　(D)饮料

47. 下列制取二氧化碳的方法中,正确的是(　　)。

(A)生产石灰副产品　(B)碳燃烧

(C)发酵过程副产品　(D)其他

48. 二氧化碳中毒的临床症状分为(　　)。

(A)轻度中毒　(B)中度中毒　(C)深度中毒　(D)重度中毒

49. 处置二氧化碳中毒人员,下列做法正确的是(　　)。

(A)转到空气新鲜处　(B)人工呼吸　(C)高压氧治疗　(D)用水洗脸

50. 液化石油气的主要成分是(　　)。

(A)甲烷　(B)乙烷　(C)丙烷　(D)丁烷

51. 下列属于一般民用和工业用的液化石油气的是(　　)。

(A)以丙烷为主要成分　(B)以丁烷为主要成分

(C)混合液化石油气　(D)高纯度丙烷

52. 关于液化石油气的用途,下列说法正确的是(　　)。

(A)液化石油气灶　(B)保护气　(C)用作载气　(D)煤气工业的原料

53. 下列制取液化石油气的方法中,正确的是(　　)。

(A)深度冷冻法　　(B)在炼油厂回收

(C)从天然气凝析液中回收　　(D)其他

54. 关于乙炔的性质,下列说法正确的是(　　)。

(A)无色　　(B)无臭　　(C)可燃气体　　(D)可燃液体

55. 乙炔的化学性质非常活泼,具有(　　)等反应能力。

(A)氧化　　(B)挥发　　(C)分解　　(D)聚合

56. 关于乙炔的用途,下列说法正确的是(　　)。

(A)有机合成原料　　(B)金属焊接　　(C)食品加热　　(D)金属切割

57. 下列制取乙炔的方法中,正确的是(　　)。

(A)深度冷冻法　　(B)电石法　　(C)甲烷裂解法　　(D)烃类裂解法

58. 强度按外力作用形式的不同分为(　　)。

(A)抗拉强度　　(B)抗压强度　　(C)抗弯强度　　(D)抗剪强度

59. 材料硬度按测定方法的不同分为(　　)。

(A)布氏硬度　　(B)洛氏硬度　　(C)康氏硬度　　(D)维氏硬度

60. 属于气瓶焊接工艺的是(　　)。

(A)手弧焊　　(B)电弧焊　　(C)钎焊　　(D)埋弧自动焊

61. 使用无缝气瓶进行充装的气体是(　　)。

(A)氧气　　(B)二氧化碳　　(C)丙烯　　(D)丙烷

62. 使用焊接气瓶进行充装的气体是(　　)。

(A)氧气　　(B)乙炔　　(C)丙烯　　(D)丙烷

63. 钢质气瓶中按材料的化学成分可分为(　　)。

(A)碳钢气瓶　　(B)锰钢气瓶　　(C)铬钼钢气瓶　　(D)不锈钢气瓶

64. 允许装入铝合金气瓶的气体是(　　)。

(A)氧气　　(B)空气　　(C)氦气　　(D)二氧化碳

65. 焊接气瓶的结构形式是(　　)。

(A)氧气瓶　　(B)液化石油气钢瓶

(C)溶解乙炔气瓶　　(D)二氧化碳气瓶

66. 公称压力为 15 MPa 的无缝气瓶可充装下列的气体是(　　)。

(A)氧气　　(B)氮气　　(C)氩气　　(D)丙烷

67. 钢质无缝气瓶的容积是 40 L 的气瓶有(　　)。

(A)氧气瓶　　(B)氮气瓶　　(C)乙炔气瓶　　(D)氩气瓶

68. 下列属于气瓶附件的是(　　)。

(A)瓶帽　　(B)瓶颈　　(C)防震圈　　(D)瓶肩

69. 关于气瓶附件,下列说法正确的是(　　)。

(A)气瓶的重要组成部分　　(B)可有可无的部分

(C)具有一般的使用作用　　(D)具有安全防护作用

70. 关于气瓶瓶帽,下列说法正确的是(　　)。

(A)开有对称的卸压孔　　(B)没有卸压孔

(C)具有良好的抗撞击性能　　(D)具有互换性

71. 关于常用的气瓶瓶阀,下列说法正确的是(　　)。

(A)属于国家标准

(B)同一规格、型号的瓶阀,其质量误差不超过3%

(C)与气瓶连接的阀口螺纹必须与气瓶口内螺纹相匹配

(D)逐只有出厂合格证

72. 下列属于氧气钢瓶阀主要零件的是(　　)。

(A)阀体　　(B)阀芯　　(C)防震圈　　(D)阀杆

73. 下列属于氩气钢瓶阀主要零件的是(　　)。

(A)阀体　　(B)阀芯　　(C)调整螺母　　(D)阀杆

74. 下列属于氮气钢瓶阀主要零件的是(　　)。

(A)阀体、阀杆　　(B)阀芯、压紧螺母　　(C)密封垫　　(D)防爆膜片

75. 气瓶的颜色标志是指气瓶外表面的(　　)。

(A)颜色　　(B)字样　　(C)字色　　(D)色环

76. 气瓶的颜色标志作用是(　　)。

(A)气瓶种类识别　　(B)防止气瓶锈蚀　　(C)减少阻力　　(D)美观

77. 气瓶的钢印标记包括(　　)。

(A)制造钢印标记　　(B)使用单位编号　　(C)检验钢印标记　　(D)使用厂代码

78. 关于气瓶检验色标,下列说法正确的是(　　)。

(A)每5年为一个循环周期　　(B)按年份涂检验色标

(C)每10年为一个循环周期　　(D)形状为矩形或椭圆形

79. 关于安全阀的动作原理,下列说法正确的是(　　)。

(A)是一种自动阀门　　(B)能够自动关闭

(C)是一种手动阀门　　(D)能够自动排出一定量的流体

80. 关于对安全阀性能的要求,下列说法正确的是下列说法正确的是(　　)。

(A)准确的开启　　(B)稳定的排放　　(C)及时的回座　　(D)可靠的密封

81. 安全阀按使用介质分类分为(　　)。

(A)蒸汽用安全阀　　(B)空气及其他气体安全阀

(C)液体用安全阀　　(D)石油气安全阀

82. 安全阀按公称压力分类分为(　　)。

(A)低压安全阀　　(B)中压安全阀　　(C)高压安全阀　　(D)超高压安全阀

83. 安全阀按使用温度分类分为(　　)。

(A)低温安全阀　　(B)常温中温安全阀

(C)高温安全阀　　(D)超低温安全阀

84. 安全阀按连接方式分类分为(　　)。

(A)法兰连接安全阀　　(B)对接组合安全阀

(C)螺纹连接安全阀　　(D)焊接安全阀

85. 安全阀按作用原理分类分为(　　)。

(A)直接作用式安全阀　　(B)滞后式安全阀

(C)非直接作用式安全阀　　(D)先导式安全阀

86. 安全阀按动作特性分类分为(　　)。

(A)微启式安全阀　　(B)全启式安全阀

(C)中启式安全阀　　(D)先导式安全阀

87. 安全阀按开启高度分类分为(　　)。

(A)微启式安全阀　　(B)全启式安全阀

(C)中启式安全阀　　(D)先导式安全阀

88. 安全阀按加载形式分类分为(　　)。

(A)静重式安全阀　　(B)永磁体式安全阀

(C)气室式安全阀　　(D)弹簧式安全阀

89. 安全阀按气体排放方式分类分为(　　)。

(A)全封闭式安全阀　　(B)半封闭式安全阀

(C)气室式安全阀　　(D)开放式安全阀

90. 常用安全阀校验的介质一般为(　　)。

(A)压缩空气　　(B)氮气　　(C)水　　(D)氧气

91. 关于安全阀安装的一般要求,下列说法正确的是(　　)。

(A)在设备或管道上竖直安装　　(B)安装位置易于维修和检查

(C)液体安全阀安装在正常液面的下面　　(D)压力容器的最高处

92. 下列属于本工种危险源的是(　　)。

(A)气体或液体的泄漏　　(B)安全阀失灵　　(C)气瓶倾倒　　(D)违章操作

93. 下列属于本工种环境因素的是(　　)。

(A)气体或液体的泄漏　　(B)压缩气体爆炸　　(C)排放氮气　　(D)火灾发生

94. 操作规程中关于工作前的准备有明确的规定,下列说法正确的是(　　)。

(A)穿好劳动保护用品　　(B)听取班组安全讲话

(C)打扫卫生　　(D)检查工具是否齐全

95. 用四氯化碳清洗零件时,需要注意的是(　　)。

(A)可以在室内进行　　(B)必须要在室外进行

(C)手不能有划伤　　(D)清洗残液必须妥善处理

96. 操作规程中关于工作后的具体事项有明确的规定,下列说法正确的是(　　)。

(A)清理好生产作业现场　　(B)消除各种安全防火隐患

(C)做好必要的记录　　(D)进行交接班

97. 突发安全事故时,下列做法正确的是(　　)。

(A)切断气源　　(B)切断电源

(C)立即报告　　(D)如有人员伤害则紧急救助

98. 操作人员的手被低温液体冻伤时,下列做法正确的是(　　)。

(A)将受伤部分在常温水中浸泡 15 分钟以上　　(B)去医院治疗

(C)用电吹风加热　　(D)用冰敷在患处

99. 关于气瓶充装前对充装台的检查,下列说法正确的是(　　)。

(A)检查安全阀压力表是否在有效期内　　(B)检查管道阀门是否有泄漏

(C)充装卡具是否灵活　　(D)卡具是否沾有油脂

100. 关于低温液体泵的预冷,下列说法正确的是(　　)。

(A)预冷 1～3 分钟即可　　(B)不需要预冷,泵也可以在热状态下启动运行

(C)看到预冷阀持续出液即可　　(D)预冷结束后及时关闭预冷阀

四、判 断 题

1. 压强跟气体压缩程度有关,也就是说跟单位体积内的分子数或气体的密度有关。(　　)

2. 气体压强跟它的温度无关。(　　)

3. 自然界中物质所呈现的聚集状态通常有气态、液态和固态三种。(　　)

4. 温度不变时,一定质量的气体的压强跟它的体积成反比。(　　)

5. 一定质量的气体若体积不变,则其压强与热力学温度成反比。(　　)

6. 气体在临界温度下,使其液化所需要的最小压力,成为临界压力。(　　)

7. 永久气体在充装时以及在允许的工作温度下贮运和使用过程中均为气态。(　　)

8. 特种气的定义是为满足特定用途的单一气体。(　　)

9. 燃烧、爆炸的共同点:燃烧和爆炸本质上都是可燃物质的氧化反应。(　　)

10. 氧气常温下是气态的。(　　)

11. 热和功可以相互转换。(　　)

12. 氧不具有感磁性。(　　)

13. 氧的固态结晶成蓝色。(　　)

14. 气体压力越高则体积越小,即压力与体积成反比。(　　)

15. 压力表所表示的压力就是气体所受的压力值。(　　)

16. 热量总是从温度较高的流体传向温度较低的流体,温度差是热量传递的动力。(　　)

17. 安全阀的作用是保证机器或设备的安全运行。(　　)

18. 氮气的化学性质不活泼(　　)。

19. 氮气纯度的间断测定方法有铜氨溶液比色法、焦性没食子酸碱性溶液吸收法、黄磷吸收法、原电池法。(　　)

20. 盛装氧气的气瓶,每五年检验一次;盛装氮气的气瓶,每三年检验一次。(　　)

21. 在充氧时,同时充的气瓶,温升可以不一样。(　　)

22. 充氧局部着火时应立即先灭火。(　　)

23. 氧气瓶阀着火的内因是阀体内有可燃物(油脂),外因是产生静电或机械摩擦。(　　)

24. 承压设备及管网在运转中,管道法兰接口等如发现有泄漏,不可在压力下拧紧螺栓,以免发生危险。(　　)

25. 氧气是一种无色无味的气体,过多的呼吸纯氧,会使人窒息。(　　)

26. 在含有四氯化碳的空气中持续工作,容许四氯化碳的最高浓度为 100 mg/m^3。(　　)

27. 流过负载的电流 I 与负载两端的电压 U 成正比,与负载的电阻成反比。(　　)

28. 淬火是将钢加热到临界点以上，再以大于临界冷却速度进行快速冷却的热处理工艺。(　　)

29. 孔与轴装配时，必须有间隙。(　　)

30. 剖面图是用剖切平面将机件的某部分切断，仅画出被切断表面的图形。(　　)

31. 从分子运动论观点看，温度是分子热运动平均动能的量度。(　　)

32. 水的沸点永远是 100 ℃。(　　)

33. 压力是指物体单位面积上所受的作用力。(　　)

34. 冷量是自然界中原来就存在的。(　　)

35. 相对湿度是指湿空气中的水蒸气含量与饱和湿空气所含的水蒸气含量之比。(　　)

36. 一般情况下 0 ℃和 100 ℃是水的两个临界点。(　　)

37. 当温度一超过某一值时，即使再提高压力也无法再使气体液化。(　　)

38. 生产氧气必须以空气为原料。(　　)

39. 输氧管道着火是因为阀门开动过猛。(　　)

40. 充装氧气时，压力达到 5 MPa 以上时，严禁补充空瓶。(　　)

41. 接触氧气的备件在安装前必须进行脱脂处理。(　　)

42. 氧气泄漏的应急处理是迅速堵漏或灭火，保持通风。(　　)

43. 氧气泄漏的应急处理是切断一切火源，严防静电产生，远离可燃物。人员进入现场须穿戴防护用具。(　　)

44. 氧气的操作处置注意事项是操作人员必须经过专门培训，持证上岗，严格遵守操作规程和相应法规生产设备，管路要严格脱脂，劳动防护用具不得有油污。(　　)

45. 氧气工作现场严禁烟火，配备相应品种和数量的消防器材和急救物品，有良好的通风措施和静电系统装置。(　　)

46. 氧气充装速度＜8 m/s，充装时间不能少于 15 min。(　　)

47. 氧气瓶搬运时轻装轻卸，严禁抛滑滚。(　　)

48. 氧气瓶储存注意事项是避免和还原性物质共存。(　　)

49. 操作规程规定，氧、氮气瓶的充装压力最高不超过 14.5 MPa。(　　)

50. 氧气瓶正在充装时，每排充装时间不得低于 15 分钟。(　　)

51. 压力容器应该包括所有承受流体压力的密闭容器。(　　)

52. 压力容器按安全的重要程度分为三类。(　　)

53. 容积大于等于 50 m^3 的球形储罐属于三类压力容器。(　　)

54. 容积大于 5 m^3 的低温液体储存压力容器属于三类压力容器。(　　)

55. 低压管壳或余热锅炉属于二类压力容器。(　　)

56. 氧气的熔点是－208.8 ℃。(　　)

57. 氧气与空气的相对密度是 1.53。(　　)

58. 氧气虽然是生命赖以生存的物质，但当氧气浓度过高时，也会引起中毒或死亡。(　　)

59. 当氧气浓度超过 40%时，就可能发生氧气中毒，当吸入的氧气浓度在 80%以上时，则会出现眩晕、心动过速、虚脱、昏迷、抽搐、呼吸衰竭而死亡。(　　)

60. 氧气是一种强的还原剂。(　　)

61. 氩侵入人体途径是皮肤接触。(　)

62. 氩的危害是氩本身无毒,但在高浓度时有窒息作用。(　)

63. 当空气中氩气浓度高于40%时就有窒息的危险。(　)

64. 当氩气浓度超过50%时,出现严重症状,浓度达到75%以上时,能在数分钟内死亡。(　)

65. 氩气操作人员必须经过专门培训,持证上岗,操作时严格遵守操作规程。(　)

66. 设备操作人员处理液氩泄漏时严防冻伤。(　)

67. 氩气瓶储存注意事项是储存于通风库房,远离火种、热源,气瓶应有防倒措施。(　)

68. 大于10 m^3 低温液体贮槽不能放在室内。(　)

69. 氩气的监测方法是化学分析。(　)

70. 液氩可以伤皮肤,眼部接触可引起炎症。(　)

71. 氩的环境危害是该物质对环境有危险,对水体无污染。(　)

72. 氩是惰性气体,本身有燃爆危险。(　)

73. 如果皮肤接触液氩,可形成冻伤。用水冲洗患处,就医。(　)

74. 如果液氩溅入眼内,可引起炎症,翻开眼睑用水冲洗。(　)

75. 如果不慎吸入大量氩气,可将患者移至空气新鲜处。呼吸停止,施行呼吸复苏术,心跳停止,施行心肺复苏术。(　)

76. 氩本身不燃烧,但盛装氩气容器与设备遇明火高温可使器内压力急剧升高至爆炸,应用水冷却火中容器。(　)

77. 氩灭火方法及灭火剂是用水冷却火中容器,用与着火环境相适应的灭火剂。(　)

78. 氩气泄漏应急处理是切断气源,迅速撤离泄漏污染区,处理泄漏事故人员戴自给正压式呼吸器。(　)

79. 处理液氩泄漏应佩戴防冻护具,若气瓶泄漏而无法堵漏时,将气瓶移至空旷安全处。(　)

80. 氩气操作处置注意事项:密闭操作,加强通风,设有事故强制通风设备。(　)

81. 氩气还可以用作标准气、零点气等。(　)

82. 氩气的稳定性非常差。(　)

83. 氩应避免接触的条件是低温、明火(盛装容器与设备)。(　)

84. 氩气不会发生聚合危害。(　)

85. 氩气不会分解成其他分解产物。(　)

86. 氩气的急性毒性之一是分压力1.2 MPa时,5 g幼小鼠进入麻醉。(　)

87. 氩气的急性毒性是本身无毒,空气中浓度高时有窒息危险。(　)

88. 氩气的窒息症状表现为,最初出现呼吸加快注意力减退,肌肉运动失调,继而出现判断力下降,失去所有感觉,情绪不稳,全身疲乏,进而出现恶心呕吐衰弱,意识丧失,痉挛,昏睡,以致死亡。(　)

89. 氩气无生物降解性。(　)

90. 氩气的废弃物性质是属于危险货物。(　)

91. 氩气的废弃物处置方法是排入大气。(　)

92. 氩气的非危险货物编号:22012(液化)、22011(压缩)。( )

93. 氩气的危险标志是不燃气体。( )

94. 氩的包装方法是气瓶、低温液体容器。( )

95. 氩的运输注意事项是运输时戴好气瓶瓶帽及防震胶圈,避免抛、滚、滑和撞击,防止暴晒。( )

96. 氩的槽车运输注意槽内压力不能超压,铁路非限量运输。( )

97. 氩气瓶的检验周期为五年。( )

98. 氮气的侵入途径是吸入、食入、经皮肤吸收。( )

99. 氮气对健康危害是空气中氮气含量过高,使吸入气氧分压上升,引起缺氧窒息。( )

100. 吸入氮气浓度不太高时,患者最初感胸闷、气短、疲软无力。( )

101. 吸入氮气浓度高时,有烦躁不安、极度兴奋、乱跑、叫喊、神情恍惚、步态不稳,称之为"氮酩酊",可进入昏睡或昏迷状态。( )

102. 如果吸入高浓度氮气,患者可迅速昏迷,因呼吸和心跳停止而死亡。( )

103. 潜水员深潜时,有可能发生氮的麻醉作用。( )

104. 若从高压环境下过快转入常压环境,体内会形成氮气气泡,压迫神经、血管或造成血管阻塞,发生增压病。( )

105. 氮气无燃爆危险,因为氮气不燃。( )

106. 如果吸入氮气过多时,应迅速撤离现场至空气新鲜处,保持呼吸道通畅。( )

107. 氧气的化学性质特别活泼,除贵重金属——金、银、铂以及惰性气体外,所有元素都能与氧气发生反应。( )

108. 天然气不能压缩或液化。( )

109. 氯气在我国现行安全监察管理法规与气体分类标准中,被划为高压液化气体,而且是剧毒的、强氧化性的酸性腐蚀性气体。( )

110. 液化石油气用作内燃机燃料不仅价格便宜,而且可以减少空气污染。( )

111. 乙炔气体化学性质不活泼,有氧化、分解、聚合等反应能力。( )

112. 在自然界没有天然乙炔气体存在,只能采用工业方法制取。( )

113. 乙炔是一种助燃性质的气体。( )

114. 压缩气体与液化气体的划分是以临界温度为依据的。( )

115. 可燃性液化气体的燃烧危险性和易燃液体的危险性一样大。( )

116. 氨是允许充装于铝合金气瓶中的气体。( )

117. 气瓶上的防震圈其功能就是防止气瓶的震动。( )

118. 瓶阀出厂时,应逐只出具合格证。( )

119. 盛装液氨的气瓶可以使用铜阀。( )

120. 在国家标准中,三种规格:YSP-10、YSP-15、YSP-50 的钢瓶结构相同。( )

121. 屈服点是指金属材料在受外力作用到某一程度时,其变形突然增加很大时的材料抵抗外力的能力。( )

122. 金属材料在受外力到某一极限时,则其变形即消失,恢复原状,弹性极限是指金属材料抵抗这一限度的外力的能力。( )

123. 焊接接头是焊接结构中各个构件相互连接的部分。它包括焊缝、热影响区和母材三部分。(　　)

124. 所有气瓶都可以安装泄放装置。(　　)

125. 防震圈只能起到防震的作用。(　　)

126. 焊接应力是焊接过程中焊件内产生的应力。(　　)

127. 气孔是指焊接时,熔池中的气泡在凝固时未能逸出而残留下来所形成的孔隙。(　　)

128. 未焊透是指在焊接时,接头根部的母材未被熔化而留下空隙。(　　)

129. 报废是对于不符合安全的基本要求,不再允许进入使用领域,但不必须作破坏处理的气瓶。(　　)

130. 无剩余压力的气瓶不须进行处理就可以直接充装。(　　)

131. 易燃气体气瓶的首次充装或定期检验后的首次充装,应进行置换或抽真空处理。(　　)

132. 充装后应逐只检查气瓶,发现有泄漏或其他异常现象,应妥善处理。(　　)

133. 许用压力是气瓶在充装、使用、储存过程中允许承受的最低压力。(　　)

134. 充装量是指气瓶内充装气体的质量。(　　)

135. 永久气体是通过控制气瓶充装时的质量来控制气体的充装量的。(　　)

136. 实瓶质量是气瓶充装后的质量。(　　)

137. 气瓶容积残余变形率大于 10%,该气瓶可以降压使用。(　　)

138. 乙炔瓶皮重是指气瓶、填料、附件的质量与丙酮实际充装量之和。(　　)

139. 液化石油气瓶每 3 年检验一次。(　　)

140. 水压试验的主要目的是检验气瓶的耐压强度。(　　)

141. 气瓶定期检验中,钢质无缝气瓶水压试验时,一律进行容积残余变形率的测定。(　　)

142. 钢质无缝气瓶在定期检验中,测得其容积残余变形率为 10%,则该气瓶必须报废。(　　)

143. 液化石油气钢瓶在进行壁厚检验时,筒体和封头应分别测定,尤其应检验瓶底和严重腐蚀部位。(　　)

144. 液化石油气钢瓶在定期检验以前,应逐只测量瓶内可燃气体的浓度。(　　)

145. 气瓶事故很大一部分原因是液化气体超装,永久气体气瓶混装、错装等。(　　)

146. 气瓶事故按损坏程度分为损坏事故、爆炸事故、重大事故。(　　)

147. 气瓶属于移动式的可重复充装的压力容器。(　　)

148. 按《特种设备安全监察条例》对气瓶的定义是盛装公称工作压力大于或者等于 0.2 MPa表压且压力与容积的乘积大于或者等于 1.0 MPa 的液化气体和标准沸点等于或者低于 60 ℃液体的气瓶。(　　)

149. 气瓶使用单位可以对气瓶瓶体进行焊接和更改气瓶的钢印或者颜色标记。(　　)

150. 气瓶使用单位不得使用超过检验周期或已报废的气瓶。(　　)

151. 气瓶使用单位不得将气瓶内的气体向其他气瓶倒装或直接由罐车对气瓶进行充装。(　　)

152. 气瓶使用单位可以自行处理气瓶内的残液。( )

153. 气瓶使用单位应做到专瓶专用,不得私自改装其他气体。( )

154. 报废气瓶的破坏性处理应由气瓶定检单位承担,气瓶使用单位不得自行作破坏处理。( )

155. 低温液体泵的正常油位是在油镜的 1/2~2/3 处。( )

156. 低温液体泵每次开车之前不需要预冷。( )

157. 低温液体泵不允许泵在热的状态下开车。( )

158. 低温液体泵启动前应盘车 2~3 转,看有无卡滞现象。( )

159. 低温液体泵轴头有渗漏时,停机后可将压紧螺母适当拧紧增加预应力。( )

160. 低温液体泵电机转速最高不超过 850 r/min。( )

161. 低温液体泵停机时先停电机:先逐步将电机转速调到 0,然后再关闭电源。( )

162. 汽化器最常见的故障是结霜。( )

163. 汽化器结霜排除方法是降低泵转速或停泵 1~2 小时,霜自然溶化掉。( )

164. 汽化器连接接头漏气的排除方法是先将管路中气体放掉,后停液体泵。( )

165. 检查发现生产单位返回气体站的气瓶带有油脂的必须做好标记单独存放,等待处理。( )

五、简 答 题

1. 什么是压强?
2. 什么是流量?
3. 什么是冷量?
4. 什么是永久气体气瓶?
5. 什么是压力容器?
6. 氧气瓶、氮气瓶效验期为多长时间?
7. 氧气瓶、氮气瓶外表面各是什么颜色?字体又是什么颜色?
8. 什么是储存压力容器?
9. 氧气瓶阀着火一般发生在哪几种情况?
10. 氩气有爆炸危险吗?
11. 皮肤接触液氩的急救措施是什么?
12. 眼睛接触液氩的急救措施是什么?
13. 吸入氩气的急救措施是什么?
14. 氩的危险特性是什么?
15. 氩能生成有害燃烧物吗?
16. 氩的灭火方法及灭火剂是什么?
17. 氩的泄漏应急处理是什么?
18. 氩的操作处置有哪些注意事项?
19. 吸入氮气的急救措施是什么?
20. 氮的危险特性是什么?

21. 氮气的灭火方法是什么?
22. 储气罐检修时的注意事项是什么?
23. 储气罐外观点腐蚀的排除方法是什么?
24. 氮气储存注意事项有哪些?
25. 氮气工程控制是什么?
26. 氮气呼吸系统防护内容有哪些?
27. 氮气操作的眼睛防护内容是什么?
28. 氮气操作的身体防护内容是什么?
29. 氮气操作的手防护是什么?
30. 氮气操作的其他防护内容是什么?
31. 氮气的外观与性状是什么?
32. 眼睛接触液氧的急救处理是什么?
33. 皮肤接触液氧的急救处理是什么?
34. 氧气的危险特性有哪些?
35. 氧的有害燃烧物是什么?
36. 氧气的泄漏应急处理是什么?
37. 什么是槽车?
38. 氧的监测方法是什么?
39. 氧的工程控制是什么?
40. 氧的呼吸系统防护是什么?
41. 氧的眼睛防护是什么?
42. 氧的手防护是什么?
43. 氧的其他防护有哪些?
44. 氧的外观与性状是什么?
45. 氧气的溶解性如何?
46. 氧避免接触的条件是什么?
47. 氧气急性毒性的主要表现是什么?
48. 氧气的急性毒性程度是什么?
49. 欧姆定律的定义是什么?
50. 温度的定义是什么?
51. 临界点的定义是什么?
52. 相对湿度的定义是什么?
53. 剖面图的定义是什么?
54. 间隙配合的定义是什么?
55. 临界温度的定义是什么?
56. 断裂型安全泄压装置有哪些?
57. 熔化型安全泄压装置的优点是什么?

58. 熔化型安全泄压装置的缺点是什么？
59. 什么是组合型安全泄压装置？
60. 安全阀主要由哪几部分组成？
61. 什么是永久气体的充装量？
62. 低温液体贮槽停止运行后的注意事项有哪些？
63. 低温液体贮槽接头或阀门漏气的排除方法是什么？
64. 低温液体泵运行前如何进行预冷？
65. 低温液体泵正常运行中的检查内容有哪些？
66. 低温液体泵正常停机的操作步骤有哪些？
67. 低温液体泵停机时的注意事项有哪些？
68. 低温液体泵轴头漏夜的排除方法是什么？
69. 低温液体泵运转压力上不去，可能的原因是什么？
70. 低温液体泵运转压力上不去，排除的方法是什么？

六、综 合 题

1. 低温液体贮槽在运行前应检查哪些内容？
2. 叙述低温液体贮槽启动操作过程。
3. 低温液体贮槽运行中应检查哪些内容？
4. 氧气充装时如何控制气瓶温升？
5. 低温液体贮槽维护保养内容有哪些？
6. 低温液体贮槽修理管路或阀门时的注意事项有哪些？
7. 低温液体泵在运行前应检查哪些内容？
8. 叙述低温液体泵启动操作过程？
9. 气体充装台常见故障及排除方法有哪些？
10. 气瓶充装记录的内容有哪些？
11. 画出低温液体泵的润滑图。
12. 低温液体泵维护保养内容有哪些？
13. 氧气瓶泄压时的注意事项有哪些？
14. 气瓶充装前的检查内容有哪些？
15. 气瓶充装台的检查内容有哪些？
16. 叙述氧气充装操作时压力在未到达 5.0 MPa 之前的操作过程。
17. 叙述氧气充装压力在未到达 5.0 MPa 之前，出现卡具泄漏的处理方法。
18. 叙述氧气充装压力在未到达 5.0 MPa 之前，出现气瓶泄漏的处理方法。
19. 叙述氧气充装压力在到达 5.0 MPa 以上，到将气瓶送到重瓶区的具体操作过程。
20. 突发安全事故时怎么办？
21. 出现火灾时怎么办？
22. 被液体冻伤时怎么办？
23. 叙述开关阀门时的正确操作方法及理由。

24. 氧气充装时如何控制充装速度?

25. 叙述氧气瓶泄压的具体操作过程。

26. 灯泡上标明 220 V,100 W,求这只灯泡里钨丝的电阻有多大?

27. 一个 40 L 的氧气瓶,充满压力为 14.9 MPa,温度为 27 ℃,问当压力降至 14.4 MPa 时,瓶内气体的温度为多少?

28. 接在电路中的某一电阻 R 上的电压为 12 V,其中电流 I 为 2 mA,问此电阻为多少欧姆?

29. 1/50(0.02)mm 游标卡尺的读数值(刻线原理)是怎样算出来的?

30. 电灯泡上标明 220 V,60 W,求这只灯泡里钨丝的电阻有多大?

31. 今测得空压机吸气腔的真空度为 $P_{真空}=163.2\ mmH_2O$,当时的大气压为 $P_{大气}=730\ mmHg$,问吸气腔的实际(绝对)压力 $P_{绝}$ 是多少?

32. 一个容积为 40 L 的氧瓶,充满压力为 14.7 MPa(表压)时的温度为 40 ℃,问当压力降至 13.2 MPa 时瓶内气体的温度为多少?

33. 氧气纯度 $Y_{O_2}=99.2\%$,氮气纯度为 $Y_{N_2}=95\%$,氧气产量为 100 m^3/h,不考虑其他损失,求加工空气量。

34. 补线,如图 1 所示。

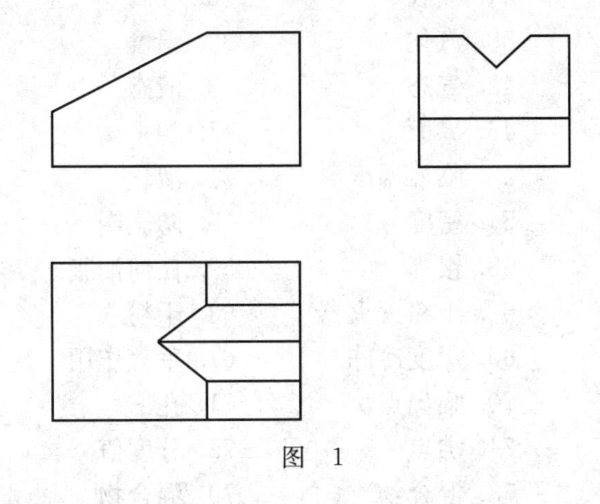

图 1

35. 补左视图,如图 2 所示。

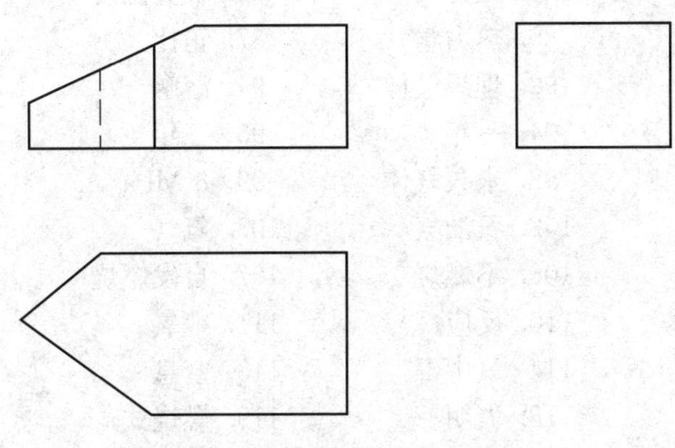

图 2

气体深冷分离工(初级工)答案

一、填 空 题

1. 冷热程度　2. 水银　3. 摄氏度　4. －273.15
5. 元素　6. 气体　7. 分解　8. 垂直
9. 温度　10. 主视图　11. 俯视图　12. 侧视图
13. 0.01　14. 1.033 3　15. 273.15　16. $P_{大气}+P_{表}$
17. 20.93%　18. 深度冷冻法　19. 停车后　20. 泄压后
21. 换热设备　22. 温度差　23. －183　24.表面
25. mmH_2O　26. mmHg　27. 10　28. Pa
29. 物质　30. m^3　31. 单位质量　32. 质量
33. 聚集　34. 吸收　35. 沸腾　36. 蒸发
37. 蒸发　38. 汽化　39. 温度　40. 液态
41. 固态　42. 气态　43. 液态　44. 熔化
45. 热力学　46. 界面　47. 相平衡　48. 压力
49. 饱和　50. 临界温度　51. 液化　52. 转变
53. 最小压力　54. 密度　55. 防震圈　56. 阀体
57. 10 MPa　58. 银焊　59. 任何油脂　60.15 米
61. 爆炸　62. 干粉灭火器　63. 干粉　64. 干粉灭火器
65. 救火毯子　66. 深度冷冻　67. 垂直作用　68. 冷热程度
69. 反比　70. 临界点　71. 孔　72. 观察者
73. 剖切平面　74. 沸点　75. 分度值　76. 单位时间
77. 吸收热量　78. 混合物　79. 混合物　80. 水分
81. 饱和湿空气　82. 压力　83. 临界温度　84. 压强
85. 平均动能　86. 热力学　87. 正比　88. 模型
89. 性质　90. 理想气体　91. 溶解　92. －10
93. 溶剂　94. 一年　95. 三年　96. 五年
97.1.5 倍　98. 永久气体　99. 8 MPa　100. 12 L
101. 70　102. 石油气　103. 氢气　104. 储运
105. 接触　106. 不燃烧　107. 自发燃烧　108. 维持
109. 人体　110. 反应　111. 纯氧　112. 40%
113. 40%～60%　114. 氧中毒　115. 窒息　116. 80%
117. 呼吸衰竭　118. 失明　119. 燃烧式　120. 脱离现场
121. 24～28　122. 15 分钟　123. 常温水　124. 爆炸性

125. 扩散　126. 燃烧爆炸　127. 二氧化碳　128. 受热爆炸
129. 火源　130. 通风　131. 静电　132. 脱脂
133. 严禁烟火　134. 8 m/s　135. 抛滑滚　136. 还原性
137. 安全距离　138. 避雷　139. 消防器材　140. 10立方米
141. 化学　142. 设备管路　143. 超标时　144. 防护面罩
145. 棉手套　146. 酒精性　147. 15 min　148. 定期体检
149. 淡蓝色　150. －218.8　151. 1.14　152. －183.1
153. 1.105　154. 640/－160 ℃　155. －118.6　156. 5.08
157. 酒精、丙酮　158. 还原剂　159. 油脂　160. 2～3日
161. 血压升高　162. 瞳孔扩大　163. 危险货物　164. 氧化剂
165. 压缩气体

二、单项选择题

1. B　2. C　3. B　4. A　5. B　6. B　7. B　8. A　9. D
10. B　11. C　12. B　13. A　14. C　15. B　16. A　17. A　18. B
19. B　20. D　21. A　22. C　23. A　24. A　25. C　26. B　27. A
28. D　29. C　30. A　31. C　32. A　33. C　34. C　35. A　36. B
37. D　38. A　39. A　40. B　41. B　42. C　43. B　44. B　45. C
46. D　47. C　48. D　49. B　50. C　51. A　52. C　53. B　54. B
55. A　56. C　57. C　58. B　59. B　60. C　61. B　62. A　63. B
64. A　65. C　66. B　67. C　68. B　69. B　70. A　71. C　72. A
73. B　74. C　75. D　76. D　77. B　78. C　79. B　80. A　81. A
82. A　83. C　84. D　85. A　86. C　87. B　88. A　89. B　90. B
91. B　92. C　93. B　94. C　95. B　96. D　97. A　98. A　99. C
100. B　101. B　102. A　103. D　104. C　105. D　106. C　107. A　108. B
109. D　110. B　111. C　112. A　113. D　114. A　115. B　116. D　117. A
118. C　119. D　120. A　121. A　122. A　123. D　124. D　125. A　126. C
127. A　128. C　129. B　130. B　131. A　132. A　133. B　134. C　135. D
136. D　137. C　138. B　139. C　140. D　141. B　142. C　143. C　144. C
145. D　146. A　147. C　148. C　149. A　150. B　151. C　152. C　153. A
154. B　155. B　156. D　157. C　158. B　159. A　160. B　161. B　162. D
163. D　164. C　165. B

三、多项选择题

1. AB　2. AC　3. ABC　4. AB　5. ABCD　6. ABC　7. ABCD
8. AC　9. AD　10. ABCD　11. ABCD　12. ABD　13. ABCD　14. ABCD
15. BCD　16. ABCD　17. ABC　18. ABD　19. ACD　20. ABCD　21. ABC
22. BC　23. AC　24. ABCD　25. AB　26. ABD　27. BCD　28. ABC
29. AB　30. AB　31. ABC　32. AB　33. ABC　34. ABCD　35. ABC

36. ABCD 37. ABC 38. ABD 39. ABC 40. AC 41. ABCD 42. BC
43. CD 44. ABD 45. ABCD 46. ABD 47. ABC 48. ABD 49. ABC
50. CD 51. ABCD 52. AD 53. BC 54. ABC 55. ACD 56. ABD
57. BCD 58. ABCD 59. ABD 60. ABD 61. AB 62. BCD 63. ABCD
64. BCD 65. BC 66. ABC 67. ABD 68. AC 69. AD 70. ACD
71. ABCD 72. ABD 73. ABD 74. ABCD 75. ABCD 76. AB 77. AC
78. BCD 79. ABD 80. ABCD 81. ABC 82. ABCD 83. ABCD 84. ACD
85. AC 86. AB 87. ABC 88. ABCD 89. ABD 90. ABC 91. ABCD
92. ABCD 93. ABD 94. AB 95. BCD 96. ABCD 97. ABCD 98. AB
99. ABCD 100. CD

四、判 断 题

1. √ 2. × 3. √ 4. √ 5. × 6. √ 7. √ 8. × 9. √
10. √ 11. √ 12. × 13. √ 14. × 15. × 16. √ 17. √ 18. ×
19. × 20. × 21. √ 22. × 23. × 24. √ 25. × 26. × 27. √
28. × 29. × 30. × 31. √ 32. × 33. × 34. × 35. × 36. √
37. √ 38. × 39. × 40. × 41. √ 42. × 43. √ 44. √ 45. √
46. × 47. √ 48. √ 49. × 50. × 51. √ 52. √ 53. √ 54. √
55. √ 56. × 57. × 58. √ 59. √ 60. × 61. × 62. √ 63. √
64. √ 65. √ 66. × 67. √ 68. √ 69. × 70. √ 71. × 72. ×
73. √ 74. × 75. × 76. √ 77. √ 78. √ 79. × 80. √ 81. √
82. × 83. × 84. √ 85. √ 86. × 87. √ 88. √ 89. √ 90. ×
91. √ 92. × 93. √ 94. √ 95. √ 96. × 97. √ 98. √ 99. ×
100. √ 101. √ 102. √ 103. √ 104. × 105. √ 106. √ 107. √ 108. ×
109. × 110. √ 111. × 112. √ 113. × 114. √ 115. × 116. √ 117. ×
118. √ 119. × 120. × 121. √ 122. √ 123. √ 124. × 125. × 126. √
127. √ 128. √ 129. × 130. × 131. √ 132. √ 133. × 134. √ 135. ×
136. √ 137. × 138. √ 139. × 140. √ 141. × 142. × 143. √ 144. √
145. √ 146. × 147. √ 148. √ 149. × 150. √ 151. √ 152. × 153. √
154. √ 155. √ 156. × 157. √ 158. √ 159. √ 160. × 161. √ 162. √
163. √ 164. × 165. √

五、简答题

1. 答：物体单位面积上(2分)所受的垂直作用力称为压强，俗称压力(3分)。

2. 答：单位时间内(2分)流过的介质数量，称之为流量(3分)。

3. 答：把用人工造成的低温气体(2分)所具有吸收热量的能力叫冷量(3分)。

4. 答：压力容器或者称为受压容器(2分)，从广义上来说，应该包括所有承受流体压力的密闭容器(3分)。

5. 答：旧称压缩气体气瓶(2分)，是指充装临界温度小于−10 ℃的气体的气瓶，一般都是以较高的压力充装气体(3 分)。

6. 答:氧气瓶 3 年(2 分),氮气瓶 5 年(3 分)。

7. 答:氧气瓶浅蓝色,字体黑色。(2 分)氮气瓶黑色,字体黄色(3 分)。

8. 答:主要用于储存或盛装气体、液体、液化气体等介质(2 分),保持介质压力的稳定(3 分)。

9. 答:(1)压力达到 10 MPa 以上继续补充空瓶时(2 分);(2)充瓶后关闭阀时(2 分);(3)充完瓶往气柜倒余气时(1 分)。

10. 答:氩是惰性气体(2 分),本身无燃爆危险(3 分)。

11. 答:皮肤接触:接触液氩,可形成冻伤(2 分)。用水冲洗患处,就医(3 分)。

12. 答:眼睛接触:液氩溅入眼内,可引起炎症(2 分),翻开眼睑用水冲洗,就医(3 分)。

13. 答:吸入:将患者移至空气新鲜处(2 分)。呼吸停止,施行呼吸复苏术(2 分),心跳停止,施行心肺复苏术,就医(1 分)。

14. 答:危险特性:氩本身不燃烧(2 分),但盛装氩气容器与设备遇明火高温可使器内压力急剧升高至爆炸(2 分),应用水冷却火中容器(1 分)。

15. 答:不能生成有害燃烧物(5 分)。

16. 答:用水冷却火中容器(2 分),用与着火环境相适应的灭火剂(3 分)。

17. 答:泄漏应急处理:切断气源(1 分),迅速撤离泄漏污染区(1 分),处理泄漏事故人员戴自给正压式呼吸器(1 分),处理液氩应佩戴防冻护具(1 分)。若气瓶泄漏而无法堵漏时,将气瓶移至空旷安全处放空(1 分)。

18. 答:操作处置注意事项:密闭操作,加强通风(1 分),设有事故强制通风设备(1 分),操作人员必须经过专门培训(1 分)。持证上岗,操作时严格遵守操作规程(1 分)。充装时要控制充装速度;液氩泄漏严防冻伤(1 分)。

19. 答:迅速撤离现场至空气新鲜处(2 分)。保持呼吸道通畅。如呼吸困难,给输氧。呼吸心跳停止时,立即进行人工呼吸和胸外心脏按压术。就医(3 分)。

20. 答:危险特征:若遇高热(2 分),容器内压增大,有开裂和爆炸的危险(3 分)。

21. 答:本品不燃。尽可能将容器从火场移至空旷处(2 分)。喷水保持火场容器冷却,直至灭火结束(3 分)。

22. 答:检修时储气罐时必须在无压力下进行(2 分),并且如果是氧气罐还需要置换,防止发生危险(3 分)。

23. 答:清除点腐蚀(2 分),重新刷防锈漆和面漆(3 分)。

24. 答:储存于阴凉、通风的库房(2 分)。远离火种、热源。库温不宜超过 30 ℃。储区应备有泄漏应急处理设备(3 分)。

25. 答:密闭操作(2 分)。提供良好的自然通风条件(3 分)。

26. 答:一般不需特殊防护。当作业场所空气中氧气浓度低于 18%时(2 分),必须佩戴空气呼吸器、氧气呼吸器或长管面具(3 分)。

27. 答:一般不需特殊防护(5 分)。

28. 答:穿一般作业工作服(5 分)。

29. 答:戴一般作业防护手套(5 分)。

30. 答:避免高浓度吸入(2 分)。进入罐、限制性空间或其他高浓度区作业,须有人监护(3 分)。

31. 答:无色无臭气体(5 分)。

32. 答:接触液氧后(2 分),立即用大量水冲洗 15 分钟以上(3 分)。

33. 答:接触液氧后(2 分),侵入常温水中,就医(3 分)。

34. 答:与可燃气体形成爆炸性混合物(1 分),与还原剂能发生强烈反应(1 分)。氧比空气重(1 分),在空气中易扩散(1 分)。流速过快容易产生静电积累,放电可引发燃烧爆炸(1 分)。

35. 答:一氧化碳(2 分)、二氧化碳(3 分)。

36. 答:应急处理:迅速堵漏或切断气源(1 分),保持通风(1 分)。切断一切火源(1 分),严防静电产生(1 分),远离可燃物。人员进入现场须穿戴防护用具(1 分)。

37. 答: 也称罐车,是固定安装在流动的车架上的一种卧式储罐(2 分),有铁路罐车和汽车罐车两种(3 分)。

38. 答:定期取样分析(化学分析)(5 分)。

39. 答:设备管路严格密闭(2 分),加强通风(3 分)。

40. 答:空气中浓度超标时消除泄漏气源(2 分),撤离现场(3 分)。

41. 答:接触液氧环境(2 分)戴防护面罩(3 分)。

42. 答:戴手套,接触液氧环境(低温)(2 分)戴棉手套(3 分)。

43. 答:工作现场禁止吸烟(1 分),工作前避免饮用酒精性饮料(1 分)。长时间接触氧气(1 分),必须经空气吹 15 min 以后才可接触明火(1 分)。进行就业前和定期都要体检(1 分)。

44. 答:无色、无味气体(2 分)或淡蓝色低温液体(3 分)。

45. 答:微溶于水(2 分)、酒精、丙酮(3 分)。

46. 答:明火高热(2 分),油脂,还原剂(3 分)。

47. 答:主要表现:呼吸加深加快,脉率增速脉波加强(2 分),血压升高,肢体肌肉协调动作稍差缺(3 分)。

48. 答:豚鼠一次吸入 100%氧(2 分),2~3 日后死亡(3 分)。

49. 答:流过负载的电流 I 与负载两端的电压 U 成正比(2 分),与负载的电阻 R 成反比(3 分)。

50. 答:从分子运动观点看,温度是分子热运动平均动能的量度(2 分),表现为物体的冷热程度(3 分)。

51. 答:一种物质的两个相彼此处于平衡(2 分)而形成的一个相对的温度和压力之点称为临界点(3 分)。

52. 答:是指湿空气中的水蒸气含量(g/m^3)(2 分),与当时温度下饱和湿空气所含的水蒸气量之比,称之为相对湿度(3 分)。

53. 答:假想用剖切平面将机件的某部分切断(2 分),仅画出被切断表面的图形,称为剖面图(3 分)。

54. 答:孔与轴装配时(2 分),有间隙(包括最小间隙等于零)的配合(3 分)。

55. 答:当温度超过某一值时,即使再提高压力也无法再使气体液化(2 分),只有温度低于该值时,液化才有可能。这个温度叫临界温度(3 分)。

56. 答:常见的断裂型安全泄压装置(2 分)有爆破片和爆破帽(3 分)。

57. 答:优点:结构简单、更换容易(2 分),由熔化温度而确定的动作压力较易控制(3 分)。

58. 答:完成降压后不能重复使用;泄压是一泄到底(2 分),容器因其泄压动作而停止运行(3 分)。

59. 答:组合型安全泄压装置由两种以上(2 分)安全泄压装置组合而成(3 分)。

60. 答:安全阀主要有三个主要部分组成:阀座、阀瓣(2 分)和加载机构(3 分)。

61. 答:是指气瓶在单位容积内允许装入(2 分)的气体的最大质量(3 分)。

62. 答:不能拆卸连接部位和阀门,防止冻伤或气体伤害(2 分);注意低温液体贮槽压力不能超压运行,接近最高工作压力时就必须打开放空阀泄压(3 分)。

63. 答:(1)重新紧固(2 分);(2)更换密封件(3 分)。

64. 答:打开储槽上的管道进液阀使液体进入缸内(1 分),打开预冷阀使汽化液体排出(1 分),大约 5～10 分钟(1 分),直到预冷阀连续出液(1 分),则预冷完毕(1 分)。

65. 答:听泵运转过程中的声音是否正常(2 分);查看油位、压力、电器运行是否正常(3 分)。

66. 答:停机时先停电机,先逐步将电机转速调到 0(1 分),然后再关闭电源(1 分);关闭管道的进液、排液、回气阀(1 分);打开预冷阀(1 分),排出泵内液体,然后关闭该阀(1 分)。

67. 答:关闭阀门时小心磕碰(2 分);注意操作顺序不能颠倒,否则会损坏设备(3 分)。

68. 答:紧固轴头紧固螺母(2 分)和更换轴头密封填料(3 分)。

69. 答:可能原因是预冷不够;排液管路密封不良(2 分);进、排液阀有异物或磨损;活塞环损坏(3 分)。

70. 答:排除方法:(1)需要继续预冷,打开回气放空阀(1 分);(2)需要更换密封件或重新紧固(1 分);(3)需要修复或更换进、排液阀(1 分);(4)更换活塞环(2 分)。

六、综 合 题

1. 答:(1)检查各仪表是否在有效期内,检查安全阀是否在校验期内,是否灵敏可靠(1 分)。

(2)检查贮槽连接管路是否有泄漏(1 分)。

(3)检查贮槽阀门是否处于关闭状态,如没有关闭,需要将进出口阀门全部关闭(1 分)。

(4)打开安全阀前阀门(1 分)。

(5)检查贮槽周围有无障碍物,有无易燃气体或易燃物,如果有,必须立即清除(1 分)。

(6)检查阀门有无泄漏现象,开关是否灵活,否则,必须进行修理(1 分)。

(7)检查贮槽接地是否良好(2 分)。

(8)首次装液体前,必须进行置换处理(2 分)。

2. 答:(1)配合液体泵启动前的准备工作,缓慢打开排液阀(2 分)。

(2)配合液体泵启动,开关对应阀门,保持管内压力符合液体泵工作要求(2 分)。

(3)用槽车为贮槽加液时,由供液方操作,打开上(或下)进液阀门加液,加高纯液体时(高氮、氩等),需要置换加液管道(3 分)。

(4)加液时,注意保持和调整贮槽内压力符合液体泵工作要求(3 分)。

3. 答:(1)每 1 h 巡回检查一次,检查贮槽内气体压力是否正常(2 分)。

(2)检查贮槽内液体存量是否能满足生产,如不足时,及时向上级汇报(2 分)。

(3)检查各管路阀门是否有泄漏现象,如果有,立即报检修人员处理(3 分)。

(4)检查压力表和安全阀状态是否良好(3 分)。

4. 答:充气过程中,在瓶内压力尚未达到充装压力 1/3 以前(2 分),应逐只检查瓶体温度瓶温以外(2 分),还应注意监听瓶内有无异常音响以及查看瓶阀密封是否良好(3 分),如有异常,立即进行更换处理(3 分)。

5. 答:(1)压力表、安全阀定期校验,一般是 1 年一次(2 分)。

(2)室外贮槽外观保养 2~3 年进行一次,避免出现点腐蚀现象(2 分)。

(3)随时对出现的泄漏现象进行处理,对损坏的阀门、密封件等及时进行更换(2 分)。

(4)贮槽真空度达不到使用要求时,必须由专业人员进行抽真空处理(2 分)。

(5)按国家标准定期检验贮槽(2 分)。

6. 答:修理管路或阀门时,要防止液体泄漏冻伤(2 分),严禁使用电气焊作业,如必须使用电气焊维修作业,必须将储槽内液体放净、压力归零(4 分),如果是氧贮槽还要进行置换处理,由专业人员到场,制定好安全防范措施后再进行(4 分)。

7. 答:(1)检查电器是否正常(1 分)。

(2)检查液体泵连接管路是否有泄漏(1 分)。

(3)检查液体泵周围有无障碍物,如果有,必须立即清除(1 分)。

(4)检查液体泵油位是否在 1/2 位置如果少,夏季加 N68 机械油(冬季加防冻机油)至 1/2~2/3 处(1 分)。

(5)检查泵出口压力表、安全阀是否在有效期内(2 分)。

(6)进行并检查泵体彻底预冷(2 分)。

(7)盘车 2~3 转,看有无卡滞现象(2 分)。

8. 答:(1)全开排液管线上的排液阀,启动电机,打开泵的余气回气阀,将电机转速调到 300~500 r/min,观察泵的运转是否正常(2 分)。

(2)一切正常后,逐步提高电机转速至额定转速(2 分)。

(3)检查活塞杆密封圈有无渗漏,杆上是否结冰,有渗漏时可将压紧螺母适当拧紧增加预应力(2 分)。

(4)检查各接头密封垫有无泄漏(2 分)。

(5)一切正常后,将泵转速逐渐提高,达到所需流量。电机转速最高不超过规定的最高转速(2 分)。

9. 答:常见故障:(1)阀门漏气,排除方法是更换阀门密封件或更换阀门(5 分);(2)连接接头漏气,排除方法是重新紧固或更换连接密封件(5 分)。

10. 答:充装单位应由专人负责填写气体充装记录,记录内容应包括:充气日期、瓶号、充装压力、充气起止时间、充气过程中有无异常现象等(5 分)。持证操作人员、充装班长均应在记录上签字或盖章,以示负责(5 分)。

11. 答:低温液体泵的润滑点在曲轴箱见下图(10 分)。

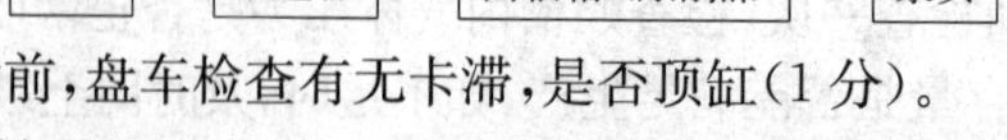

电机 → 减速器 → 曲轴箱(润滑点) → 泵头

12. 答:(1)每次启动前,盘车检查有无卡滞,是否顶缸(1 分)。

(2)随时注意泵在运转时的响声,若有异常应立即停车检查,排除故障(1 分)。

(3)保持传动箱内油位高度,油温过高时停机停车。检查油质及洁净情况(1 分)。

(4)操作人员应随时注意观察密封处是否渗漏。工作介质为液氧时更应注意,否则影响泵的安全使用(1 分)。

(5)泵的真空度降低时,应考虑重新抽真空(2 分)。

(6)泵密封垫在接头拆卸后应立即更换密封垫,保证密封可靠(2 分)。

(7)拆卸泵时应在泵体达到室温后进行,否则会损坏零件(2 分)。

13. 答:打开阀杆泄压时,瓶嘴不能对人(3 分);打开安全帽泄压时,安全帽方向不可以对人(3 分),并且安全帽方向 10 m 之内不可以有墙等障碍物(2 分),防止安全帽撞击障碍物后反弹伤人(2 分)。

14. 答:所有气瓶在充装气体前,必须对气瓶进行严格检查,发现有下列情况之一者,应事先进行妥善处理,否则禁止充装。

(1)钢印标记、颜色标记不符合规定,对瓶内介质未确认的(1 分);

(2)附件损坏、不全或不符合规定的(1 分);

(3)瓶内无剩余压力的(1 分);

(4)超过检验期限的(1 分);

(5)经外观检查,存在明显损伤、需要进一步检验的(2 分);

(6)氧化或强氧化性气体气瓶沾有油脂的(2 分);

(7)易燃气体气瓶的首次充装或定期检验后的首次充装,未经置换或抽真空处理的(2 分)。

15. 答:在充装气体前,必须对充装台进行检查(2 分)。检查各管路、阀门是否有泄漏(2 分);安全阀、压力表是否在有效期内(2 分);充装卡具是否灵活,是否沾有油脂(2 分)。在确认上述情况正常时,方可进行充装气体(2 分)。

16. 答:(1)必须穿戴符合要求的劳保用品(1 分)。

(2)确认已经检查合格的待充装气瓶(1 分)。

(3)将合格的瓶号登记在规定的充装记录上(1 分)。

(4)将登记好的气瓶运到充装台上,并用链子锁好,要求一只一锁,并将瓶嘴方向与防错卡具接头相对应,便于连接(1 分)。

(5)将待充装的气瓶与充装台的卡具连接好(2 分)。

(6)将与卡具接好的气瓶阀门全部缓慢打开(2 分)。

(7)缓慢打开充装台上的高压阀后,再缓慢打开准备充装汇流排管道上的高压阀门,让压力慢慢上升到 5.0 MPa(2 分)。

17. 答:处理卡具泄漏具体方法是:先关闭该气瓶对应的汇流排上的充装阀(2 分),然后关闭气瓶阀(2 分),将防错卡具缓慢打开 1/4 扣泄压(3 分),再将卡具重新连接(3 分)。

18. 答:处理气瓶泄漏具体步骤是:先关闭该气瓶对应的汇流排上的充装阀(2 分),然后关闭气瓶阀(2 分),将防错卡具缓慢打开 1/4 扣泄压(2 分),更换新的气瓶,将更换下来的气瓶送到待修区,禁止在充装区修理气瓶(2 分)。注意检查瓶体温度不得超过 45 ℃(2 分)。

19. 答:(1)当压力达到 5.0 MPa 以上时,充装人员应离开充装现场到操作间通过压力表观察压力变化(2 分)。

(2)气瓶充装压力达到规定值时,关闭该汇流排进气阀门,立即打开第二组已准备好的汇流排进口阀门(2 分)。

(3)关闭已经充完的气瓶上的气瓶阀(2 分)。

(4)在卸去气瓶卡具之前,打开放空阀,并查看汇流排压力表,注意要等到汇流排压力归 0 时,方可进行卸瓶操作(2 分)。

(5)卸去卡具,打开气瓶防护链,将充完的气瓶送到重瓶存放区(1 分)。

(6)充完的气瓶,通知化验室进行抽检,抽检合格后粘贴质量合格证(1 分)。

20. 答:突发安全事故时,应立即切断设备电源,关闭阀门,保护现场,并及时向上级报告(5 分);如有人员伤害,迅速组织进行人员救助,并立即拨打急救中心求救电话,同时报告上级(5 分)。

21. 答:出现火灾时,应立即切断设备电源,组织人员使用消防器材进行灭火,并通知防火部门(5 分);火灾较大时要立即拨打火灾报警电话并通知上级,按火灾应急救援预案组织撤离(5 分)。

22. 答:操作人员的皮肤因接触低温液体或低温气体而被冻伤时,应及时将受伤部位放入常温水中浸泡或冲洗(5 分),切勿干加热,严重冻伤应迅速到医院治疗(5 分)。

23. 答:操作任何阀门时,操作人员必须位于其侧面(2 分),开关阀门必须缓慢进行,必须一次开足或关严(2 分),但亦不应太紧,以免产生过大的摩擦热或气流冲击(2 分),因产生静电而使可燃气体或助燃气体气瓶发生燃烧爆炸(2 分)。用力过猛会损坏阀体或螺纹(2 分)。

24. 答:向气瓶内充气,速度不得大于 8 m^3/h(标准状态气体)充装时间不应少于 30 min (2 分)。为限制气流速度,防止产生过大的气流摩擦热(2 分),在充装可燃性或助燃性气体过程中(2 分),特别在充装排压力达到充装压力 10%以后(2 分),禁止插入空瓶进行充装,也不准任意减少每排的充装瓶数(2 分)。

25. 答:氧气瓶阀修理与更换前进行氧气瓶泄压,具体操作步骤是先将氧气瓶瓶帽卸下(2 分),再将阀杆打开,将瓶内气体释放干净(2 分)。同时打开安全帽半圈或一圈,检验气瓶是否还存有余气(2 分),然后缓慢卸下安全帽,从侧面查看安全帽内的气体出口是否有堵塞(2 分),由负责人确认无压后方可继续进行下一步工作(2 分)。

26. 解:已知:$W=100$ W ,$U=220$ V。

由 $W=U\times I$,$I=U/R$(5 分)得:

$$R=U\times U/W=220\times 220\div 100=484(\Omega)\text{(5 分)}$$

答:灯泡钨丝的电阻为 484 Ω。

27. 解:氧气瓶容积不变,并假设该气瓶不漏气,重量 G 不变,则有:

$P/T=R$(常数),即 $P_1/T_1=P_2/T_2$

因为 $P_1=14.9+0.1=15(\text{MPa})$,$T_1=27+273=300(\text{K})$

$P_2=14.4+0.1=14.5(\text{MPa})$ (5 分)

所以 $T_2=P_2\times T_1/P_1=14.5\times300\div15=290(K)=290-273=17$ ℃(5 分)

答:瓶内气体的温度为 17 ℃。

28. 解:已知:$U=12(V)$,$I=2\times1\div1\ 000$ (A)。

根据欧姆定律:$R=U/I$ (5 分)

则有 $R=U/I=12/(2\times0.001)=6\ 000(\Omega)$(5 分)

答:此电阻为 6 000 Ω。

29. 解:因为 1/50(0.02)mm 游标卡尺的刻线是以主尺 49 格(即 49 mm)对副尺 50 格(5 分),所以副尺每格为:49/50=0.98(mm),主、副尺每格差为:1−0.98=0.02(mm)(5 分)。

30. 解:已知 $W=60$ W,$U=220$ V。

$W=U\cdot I=U^2\cdot R$(5 分)

$R=U^2/W=220\times220\div60=806.7(\Omega)$ (5 分)

答:灯泡钨丝的电阻为 806.7 Ω。

31. 解:已知:$P_{大气}=730$ mmHg

$P_{真空}=160.3\ mmH_2O=163.2/13.6\ mmHg=12\ mmHg$ (5 分)

$P_{绝}=P_{大气}-P_{真空}=730-12=718$ mmHg (5 分)

答:吸气腔的实际压力是 718 mmHg。

32. 解:氧瓶的容积不变,并假定该氧瓶不漏气,重量 G 不变,则有

$P/T=R$(常数),即 $P_1/T_1=P_2/T_2$(5 分)

$(14.7+0.098)/(273+40)=(13.2+0.098)/T_2$

得 $T_2\approx281$ K

$t_2=T_2-273=281-273=8$ ℃ (5 分)

答: 温度为 8 ℃。

33. 解:已知:$Y_{N_2}=95\%$、$Y_{O_2}=99.2\%$、$Y_{N(m)}=79.1\%$、$K=100\ m^3/h$。

根据:$M=Y_{N_2}\cdot Y_{O_2}/(Y_{N_2}-Y_{N(m)})\times K$ (5 分)代入数据得:

$M=593\ m^3/h$ (5 分)

答:加工空气量 593 m³/h。

34. 答:如图 1 所示(10 分)。

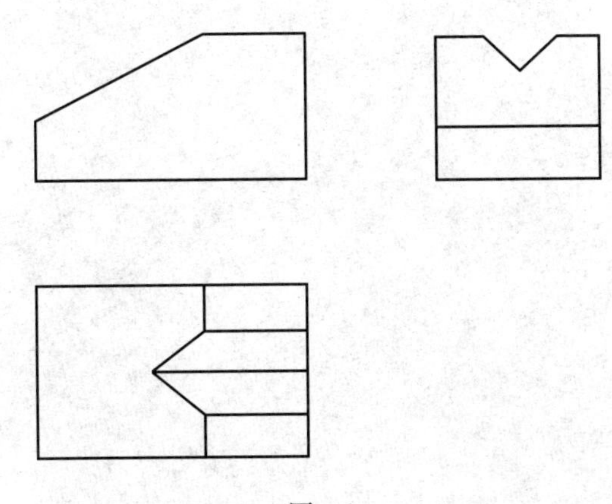

图 1

35. 答:如图 2 所示(10 分)。

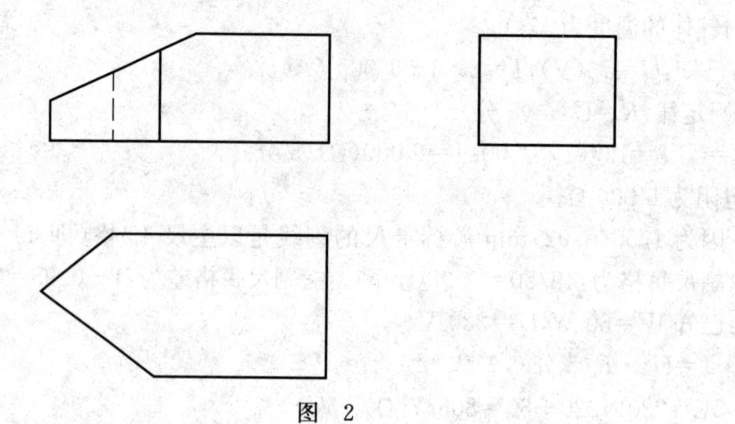

图 2

气体深冷分离工(中级工)习题

一、填 空 题

1. 观察和实验表明,一切(　　),包括固体、液体和气体都是由分子组成的。

2. 有些物质,如氧、氯等,他们的分子是由两个原子组成的,叫(　　)分子。

3. 用元素符号来表示物质分子组成的式子,叫(　　)。

4. 气体对气瓶或其他容器内壁的压力,是由于运动着的气体分子(　　)器壁而产生的。

5. 气体压强跟气体压缩程度有关,也就是说跟单位体积内的分子数或气体的(　　)有关。

6. 温度越高,表示分子的(　　)越大。

7. 我国法定的温度计量单位是(　　)。

8. 单位面积上所承受的均匀分布并垂直于这个面积上的(　　)成为压强。

9. 我国法定的质量计量单位是(　　)。

10. 永久气体、液化气体和溶解气体的统称是(　　)。

11. 腐蚀性气体是能侵蚀金属或组织,或在有水的情况下能发生(　　)的气体。

12. 特种气体是为满足特定(　　)的气体。

13. 单一气体是其他组分含量不超过(　　)的气体。

14. 混合气体是含有(　　)以上有效组分,或虽非有效组分但其含量超过规定限量的气体。

15. 呼吸气体是借助(　　)呼吸的气体,如空气、氧。

16. 医用气体是用于治疗、诊断、预防等(　　)用气体。

17. 充装前必须确认待充气瓶已经检验(　　)。

18. 定期检验充装排上的阀门(含安全阀),压力表、卡具连接垫圈,充装气体的连接卡子以及管道,以确保(　　)。

19. 操作任何阀门时,操作人员必须位于其(　　)。

20. 开关阀门必须缓慢进行,必须一次开足或关严,但亦不应太紧,以免产生过大的(　　)或气流冲击。

21. 开阀过快,会因产生静电而使可燃气体或助燃气体气瓶发生(　　)。

22. 开关阀门用力过猛会损坏阀体或(　　)。

23. 向气瓶内充装(　　),速度不得大于 8 m^3/h(标准状态气体),充装时间不应少于 30 min。

24. 为限制气流速度,防止产生过大的气流摩擦热,在充装可燃性或助燃性气体过程中,特别在充装排压力达到充装压力 10 MPa 以后,(　　)插入空瓶进行充装,也不准任意减少每排的充装瓶数。

25. 充气过程中,在瓶内压力尚未达到充装压力 1/3 以前,应逐只检查(　　)是否正常。

26. 充装时,若发现瓶壁(　　)异常升高时,应及时查明原因,妥善处理。除了手摸瓶温以外,还应注意监听瓶内有无异常音响以及查看瓶阀密封是否良好。

27. 充装可燃气体或助燃气体的操作过程中,严禁用扳手等金属器具(　　)瓶阀或管道。

28. 充气过程中,如遇到瓶阀燃烧时,应立即(　　)燃烧着的瓶阀及其相连的充装支管阀门。并根据充装气体的特性,采用相应的办法来灭火报警。

29. 高压氧气管道汇流排的材质应与(　　)相适应。

30. 压力大于 2.94 MPa 的输氧管道,必须采用铜管或(　　),且管道内不得由铜粉及其他金属粉末,阀门、垫片等均应符合《氧气安全设计规范》的有关规定。

31. 充装可燃气体或助燃气体的充装台,应采用可靠的(　　),接地电阻应小于 5 Ω。

32. 在充装场所严禁吸烟,禁绝一切(　　)。

33. 在充装场所检修动火,必须采用可靠的措施,并应经批准领取(　　)后,方可动火。

34. 凡与氧或强氧化介质接触的人员,其双手、服装、工具等均不得沾有(　　)。

35. 不能使油脂沾染到阀门,管道、垫片等一切与氧气(　　)的装置的物件上。

36. 搬运气瓶时,手应远离气瓶(　　)。

37. 气瓶存放时,阀口亦不应对着人及其他(　　)。

38. 操作人员在充灌或处理低温液体时,应戴上干净易脱的皮革、帆布或(　　)。

39. 若有产生液体喷射或飞溅可能,应戴上护目镜或(　　)。

40. 处理大量低温液体或低温液体严重(　　)时,应穿上无钉皮靴,裤脚在皮靴外面。

41. 操作人员在充灌或处理液氧时,不得穿戴被(　　)沾污过的衣服。

42. 操作人员在充灌或处理液氧时,不得穿戴有(　　)的化纤服装。

43. 操作人员的工作服若已渗透了氧,则不得进入有(　　)的场所。

44. 操作人员的工作服若已渗透了氧,必要时,必须更换衣服或经过充分的吹除,在大气中至少吹除(　　)。

45. 在进入通风不良,有发生窒息危险场所处理液氮、液氩、液态二氧化碳及其气体时,必须分析大气(　　)。

46.当含氧量低于(　　),操作人员必须戴上自供或防护面罩,并须在有专人监护下进行操作处理。

47. 空气中含氧(　　)方法可用"化学分析法"来测定。

48. 操作人员的皮肤因接触低温液体或低温气体而被冻伤时,切勿(　　)。

49. 操作人员的皮肤严重(　　)时应迅速到医院治疗。

50. 燃烧和爆炸本质上都是(　　)的氧化反应。

51. 可燃物质、助燃物、火源三个基本条件互相作用,(　　)才能发生。

52. 燃烧与爆炸的区别在于(　　)的不同。

53. 决定氧化速度的因素是在点火前可燃物质与助燃剂的(　　)均匀程度。

54. 同一种物质,在一种条件下可以燃烧,在另一种条件下可以(　　)。

55. 物质与氧起化学反应的结果是生成新的物质并产生热量,这种热量叫(　　)。

56. 当氧化过程迅速进行,产生的热量使物质和周围空气的温度急剧升高,并且产生光亮和(　　),这种剧烈的氧化现象便是燃烧。

57. 当可燃物质瞬间燃烧时,燃烧生成的气体体积急剧膨胀,产生强大的冲击波,掀飞屋顶,推倒墙壁,破坏建筑,发出轰然巨响,这种现象就是(　　)。

58. 爆炸分为化学性爆炸和(　　)爆炸。

59. 由于工作介质产生化学反应而放出强大的(　　)的现象称化学性爆炸。

60. 由于盛装容器本身承受不了容器内压力而(　　)的物理现象称为物理爆炸。

61. 可燃气体包括自燃气体、可燃气体、(　　)三部分。

62. 高压液化气体是临界温度等于或大于(　　) ℃,且等于或小于 70 ℃的气体。

63. 低压液化气体是临界温度大于(　　) ℃的气体。

64. 吸附气体是吸附于气瓶内(　　)中的气体。

65. 瓶装气体是以(　　)、液化、溶解、吸附形式装瓶贮运的气体。

66. 凡遇火、(　　)或与氧化性气体接触能燃烧或爆炸的气体,统称为可燃性气体。

67. 氧化性气体是自身不燃烧,但能够帮助和(　　)燃烧或爆炸的气体。

68. 自燃气体是在低于 100 ℃温度下与(　　)或氧化性气体接触即能自发燃烧的气体。

69. 非可燃性气体是自身(　　),也不能帮助和维持燃烧的气体。

70. 毒性气体是会引起人体正常功能(　　)的气体。

71. 惰性气体是在正常温度或(　　)下与其他物质无反应的气体。

72. 可燃性液化气体的燃烧(　　)远比易燃液体大得多。

73. 可燃气体的爆炸危险性可以用爆炸(　　)来表示。

74. 一般情况下,空气中的体积成分氧为 20.93%,氮为(　　)。

75. 可燃性气体与空气混合时(　　)越低,则危险程度越高。

76. 可燃性气体与空气混合时(　　)越宽,则危险程度越高。

77. 可燃性气体(　　)越低,则危险程度越高。

78. 可燃性气体的(　　)相对于空气密度越大,则危险程度越高。

79. 凡作用于人体产生有毒作用的物质,统称为(　　)。

80. 保护瓶阀用的帽罩式安全附件的统称叫(　　)。

81. 瓶帽的功能在于避免气瓶在搬运和使用过程中,由于碰撞而损伤(　　)。

82. 在瓶帽上要开有排气孔,排气孔应是对称的(　　)。

83. 瓶帽应有良好的抗撞击性能,为此,应禁止用(　　)制造瓶帽。

84. 瓶帽应具有(　　),装卸方便,不易松动。

85. 同一工厂制造同一规格的瓶帽,其质量允差应不超过(　　)。

86. 瓶帽按其结构分为固定式和(　　)两种。

87. 顶端开口的瓶帽属于(　　)瓶帽。

88. 顶端不开口的瓶帽属于(　　)瓶帽。

89. 固定式瓶帽口也车有螺纹,但此螺纹不起(　　)。

90. 固定式瓶帽连接主要靠帽口处的(　　)。

91. 固定式瓶帽必须借助专用扳手,从其顶部开口内开关(　　)。

92. 气瓶在运输、(　　)中必须佩戴好瓶帽。

93. 瓶阀是气瓶的主要附件,它是(　　)气体进出的一种装置。

94. 瓶阀材料应不与瓶内盛装气体发生化学反应,也不允许影响气体的(　　)。

95. 瓶阀上与气瓶连接的螺纹,必须与瓶口内螺纹相匹配,并应符合相应(　　)的规定。
96. 瓶阀出气口的(　　),应能有效地防止气体错装、错用。
97. 氧气和强氧化性气体气瓶的瓶阀,密封材料必须采用(　　)的阻燃材料。
98. 液化石油气瓶阀的手轮材料应具有(　　)性能。
99. 瓶阀阀体上如装有爆破片,其(　　)应略高于瓶内气体的最高温升压力。
100. 同一规格、型号的瓶阀,其质量允差应不超过(　　)。
101. 瓶阀出厂时,应逐只出具(　　)。
102. 防震圈是指套在气瓶筒体上的(　　)。
103. 防震圈的主要功能是使气瓶免受(　　)。
104. 气瓶是移动式(　　)。
105. 由于气瓶佩戴两个防震圈后,在运输环节上就不容易出现(　　)等野蛮的装卸现象。
106. 气瓶不撞防震圈,为野蛮装卸提供了方便条件,这是一种非常危险的(　　)。
107. 防震圈可以保护气瓶的(　　)标志。
108. 防震圈可以减少瓶身(　　),延长气瓶使用寿命。
109. 为保证防震圈的弹性,防震圈的厚度一般不应小于(　　)。
110. 防震圈套装位置也必须符合要求,即与气瓶上下(　　)距离各为200～250 mm。
111. 容积40 L的气瓶,其防震圈内径应比气瓶外径小(　　)。
112. 气瓶的颜色标志是指气瓶外表面的(　　)、字样、字色和色环。
113. 气瓶的颜色标志作用之一是气瓶(　　)识别依据。
114. 气瓶的颜色标志作用还有防止气瓶(　　)。
115. 气瓶字样一律采用(　　)表示。
116. 溶解乙炔气瓶上必须标注不可(　　)等字样。
117. 色环是区别充装同一介质,但具有不同(　　)的气瓶标记。
118. 气瓶的钢印标志是识别气瓶(　　)的重要依据。
119. 气瓶的钢印标志包括制造钢印标志和(　　)钢印标志。
120. 气瓶经检验合格后,应在检验钢印标志上按(　　)涂检验色标。
121. 公称容积40 L的气瓶检验色标有矩形和(　　)两种。
122. 检验色标每10年为一个(　　)。
123. 气瓶瓶体由两种或两种以上材料制成的气瓶叫(　　)气瓶。
124. 焊接性是指金属材料对焊接加工的(　　)。
125. 抗拉强度指外力是(　　)时的极限强度。
126. 抗压强度指外力是(　　)时的极限强度。
127. 抗弯强度指外力与材料轴线垂直,并在作用后使材料呈(　　)时的极限强度。
128. 抗剪强度指外力与材料轴线垂直,并在材料呈(　　)作用时的极限强度。
129. 对于盛装永久气体的气瓶在基准温度时所盛装气体的(　　)压力称为气瓶公称工作压力。
130. 最高温升压力是在(　　)的最高工作温度时瓶内介质达到的压力。
131. 许用压力是指气瓶在充装、使用、贮运过程中允许(　　)的最高压力。

132. 水压试验压力是指为检验气瓶(　　)所进行的以水为介质的耐压试验压力。

133. 屈服压力是指气瓶在内压作用下,筒体材料开始沿壁厚全(　　)时的压力。

134. 爆破压力是指气瓶(　　)过程中所达到的最高压力。

135. 基准温度是指由气体产品标准规定的(　　)标准温度。

136. 最高工作温度是指标准允许达到的气瓶最高(　　)。

137. 水容积是指气瓶内腔的(　　)。

138. 充装系数是指标准规定的气瓶单位水容积允许充装的(　　)气体质量。

139. 充装量是指气瓶内充装的(　　)。

140. 满液是指气瓶内(　　)为零时的状态。

141. 气瓶净重是指瓶体及其不可拆连接件的(　　)。

142. 皮重是瓶体及所有附件、(　　)的质量。

143. 实瓶质量是指气瓶(　　)气体后的质量。

144. 气瓶充装单位具有营业(　　)。

145. 气瓶充装单位具有一定的气体储存能力和足够数量的(　　)气瓶。

146. 气瓶充装单位拥有建立健全的气瓶充装质量保证体系和安全(　　)。

147. 气瓶充装单位技术负责人应具有(　　)以上任职资格。

148. 气瓶充装单位每个班组至少应有 2 名经过(　　)培训合格,取得证书的充装人员。

149. 气瓶充装单位应设置专职或兼职(　　),负责气体充装安全工作。

150. 厂房建筑充装易燃气体应为(　　)耐火建筑。

151. 易燃气体充装间必须按有关规定设置足够的(　　)面积,并应有与充气间相适应的泄压设施。

152. 气体压缩充装和气瓶储存库、槽车站等,必须具有符合安全要求的通风、遮阳、避雷电和(　　)的设施。

153. 各充装台与实瓶库和空瓶库之间,必须设置(　　)。

154. 防爆墙厚度不小于 120 mm,高度不低于(　　),且应采用钢筋混凝土或其他不燃的高强材料建成。

155. 未取得《气瓶充装许可证》的气瓶充装单位,不得(　　)气瓶充装工作。

156.《气瓶充装许可证》有效期为(　　)。

157. 未按规定提出申请或未获准更换《气瓶充装许可证》的,(　　)满后不得继续从事气瓶充装工作。

158. 气瓶充装单位应当保持气瓶充装人员的相对(　　)。

159. 充装单位负责人员应当经地级以上质监部门考核,取得(　　)作业人员证书。

160. 气瓶充装前和充装后,应当由充装单位(　　)人员,逐只对气瓶进行检查,发现超装、错装、泄漏或其他异常现象的,要立即进行妥善处理。

161. 禁止对(　　)过的非重装气瓶进行再次充装。

162. 气瓶充装单位应当保证充装的气体质量和充装量符合(　　)规范及相关标准。

163. 气瓶充装气体结束时,瓶内气体的(　　)称为充装压力。

164. 永久气体液态贮运不需要数量较多的(　　)无缝气瓶。

165. 永久气体液态贮运扩大了永久气体的(　　)。

166. 永久气体液态贮运(　　)运输气体的成本。

167. 永久气体的液体输送,不但有很大的经济效益,而且有着很大的(　　)。

168. 所谓残液就是液化石油气在使用温度下,不易汽化而(　　)于气瓶内的那部分液体。

169. 永久气体可以用管道直接(　　)供气。

170. 永久气体可以进行液态气体贮运现场(　　)供气。

171. 永久气体可以使用(　　)进行管道供气。

172. 汇流排供气(　　)适用氧、氮、氩、空气、氢等永久气体。

173. 未经专业训练、不懂得气瓶瓶阀(　　)及修理方法的人员不得修理气瓶瓶阀。

174. 使用气瓶时应注意夏季防止日光(　　)。

175. 气瓶残余变形率是指瓶体容积残余变形对容积全变形的(　　)。

二、单项选择题

1. 根据我国的气候条件,气瓶最高温度定为(　　)。

(A)60 ℃　(B)70 ℃　(C)80 ℃　(D)90 ℃

2. 根据我国的气候条件,气瓶的基准温度定为(　　)。

(A)10 ℃　(B)20 ℃　(C)30 ℃　(D)40 ℃

3. 钢质无缝气瓶耐压试验压力取公称工作压力的(　　)。

(A)1.1 倍　(B)1.3 倍　(C)1.5 倍　(D)1.7 倍

4. 不能用于气瓶气密性试验的是(　　)。

(A)空气　(B)氮气　(C)惰性气体　(D)氧气

5. 内表面存在(　　)的气瓶,无论深度如何均应报废。

(A)点腐蚀缺陷　(B)裂纹　(C)面腐蚀缺陷　(D)划伤

6. 溶解乙炔气瓶,每 3 年检验一次,使用年限超过(　　)的应报废。

(A)15 年　(B)20 年　(C)25 年　(D)30 年

7. 气瓶使用温度范围是(　　)。

(A)－40～70 ℃　(B)－40～60 ℃　(C)－10～70 ℃　(D)－10～60 ℃

8. 液化石油气的供气有(　　)方式。

(A)1 种　(B)2 种　(C)3 种　(D)4 种

9. 对永久气体用气单位供气有(　　)方式。

(A)1 种　(B)2 种　(C)3 种　(D)4 种

10. 液氯钢瓶的储存,钢瓶存放期不超过(　　)。

(A)1 个月　(B)2 个月　(C)3 个月　(D)4 个月

11. 瓶阀阀体上如装有爆破片,其爆破压力应略(　　)瓶内气体的最高温升压力。

(A)高于　(B)等于　(C)低于　(D)不低于

12. 气瓶用螺纹的牙型角为(　　)。

(A)30°　(B)45°　(C)55°　(D)60°

13. 氧气瓶阀采用(　　)为材料。

(A)碳钢　(B)铜合金　(C)低合金钢　(D)铝合金

14. 溶解乙炔气瓶的瓶色为白色,字色为(　　)。
(A)白色　(B)淡绿色　(C)大红色　(D)黑色
15. 弹性极限是指金属材料抵抗到某一极限时的(　　)的能力。
(A)外力　(B)内力　(C)压力　(D)引力
16. 焊缝在较低温度下,即低于(　　)产生的裂纹叫延迟裂纹。
(A)100～200 ℃　(B)150～250 ℃　(C)200～300 ℃　(D)250～350 ℃
17. 这些(　　)基本条件互相作用,燃烧才能发生。
(A)可燃物质、助燃物、火源　(B)氧化反应、可燃物质、火源
(C)氧化反应、助燃物、火源　(D)可燃物质、助燃物、氧化反应
18. 可燃性液化气体的燃烧危险性远比易燃液体(　　)。
(A)小得多　(B)大得多　(C)相等　(D)不能比
19. 氧气的化学性质特别(　　)。
(A)无反应　(B)不活泼　(C)活泼　(D)中性
20. 氧气是一种(　　)的气体。
(A)有色、无味、无臭　(B)无色、有味、无臭
(C)无色、无味、有臭　(D)无色、无味、无臭
21. 氮气是一种(　　)的气体。
(A)有色、无味、无臭　(B)无色、有味、无臭
(C)无色、无味、有臭　(D)无色、无味、无臭
22. 据一般观察,通过人体的电流大约在(　　)以下的交流电不至于有生命危险。
(A)1 A　(B)0.1 A　(C)0.01 A　(D)0.05 A
23. 据一般观察,通过人体的电流大约在(　　)以下的直流电不至于有生命危险。
(A)0.5 A　(B)0.05 A　(C)0.8 A　(D)0.08 A
24. 生产现场原用的压力计量单位与法定单位的换算:1 标准大气压等于(　　)汞柱。
(A)660 mm　(B)760 mm　(C)860 mm　(D)960 mm
25. 生产现场原用的压力计量单位与法定单位的换算:1 标准大气压等于(　　)。
(A)10 MPa　(B)1 MPa　(C)0.1 MPa　(D)0.01 MPa
26. 绝对温度 T(K)与摄氏温度 t(℃)的换算关系:T(K)=(　　)+t(℃)。
(A)573　(B)473　(C)373　(D)273
27. 一般情况下,空气中的体积成分氧为 20.93%,氮为(　　)。
(A)78.01%　(B)78.02%　(C)78.03%　(D)78.04%
28. 使热量由热流体传给冷流体的设备称为(　　)。
(A)换热设备　(B)换气设备　(C)保温设备　(D)冷冻柜
29. 热量总是从温度较高的流体传给温度较低的流体,(　　)是热量传递的动力。
(A)温度差　(B)压力差　(C)温度　(D)热值差
30. 液氧的相对密度是(　　)。
(A)1.14　(B)1.34　(C)1.54　(D)1.74
31. 氧的沸点是(　　)。
(A)−153 ℃　(B)−163 ℃　(C)−173 ℃　(D)−183 ℃

32. 氧相对蒸气密度是(　　)。

(A)1.101　　(B)1.103　　(C)1.105　　(D)1.107

33. 氧的饱和蒸气压是(　　)/−160 ℃。

(A)610 kPa　　(B)620 kPa　　(C)630 kPa　　(D)640 kPa

34. 氧气的临界温度是(　　)。

(A)−118.2 ℃　　(B)−118.4 ℃　　(C)−118.6 ℃　　(D)−118.8 ℃

35. 氧气的临界压力是(　　)。

(A)5.08 MPa　　(B)5.28 MPa　　(C)5.45 MPa　　(D)5.68 MPa

36. 在标准状况下,1 L液氧蒸发为气态氧的数量约为(　　)。

(A)750 L　　(B)800 L　　(C)850 L　　(D)900 L

37. 在标准状况下,1 L液氩蒸发为气态氩的数量约为(　　)。

(A)700 L　　(B)740 L　　(C)780 L　　(D)820 L

38. 纯氮的国家标准是氮含量优等品≥(　　)。

(A)99.999%　　(B)99.996%　　(C)99.996%　　(D)99.99%

39. 纯氮的国家标准是一等品≥(　　)。

(A)99.999%　　(B)99.996%　　(C)99.993%　　(D)99.99%

40. 纯氮的国家标准是合格品≥(　　)。

(A)99.999%　　(B)99.99%　　(C)99.995%　　(D)99.95%

41. 高纯氮的国家标准是氮含量优等品≥(　　)。

(A)99.999 8%　　(B)99.999 6%　　(C)99.999 3%　　(D)99.999%

42. 高纯氮的国家标准是一等品≥(　　)。

(A)99.999 1%　　(B)99.999 2%　　(C)99.999 3%　　(D)99.999 5%

43. 高纯氮的国家标准是合格品≥(　　)。

(A)99.999%　　(B)99.999 1%　　(C)99.999 2%　　(D)99.999 3%

44. 现阶段的质量管理体系称为(　　)。

(A)统计质量管理　　(B)全面质量管理

(C)一体化质量管理　　(D)检验员质量管理

45. 工作人员接到违反安全规程的命令,应(　　)。

(A)拒绝执行并立即向上级报告　　(B)执行后向上级汇报

(C)向上级汇报后再执行　　(D)服从命令

46. 新参加工作人员必须经过(　　)三级安全教育,经考试合格后才可进场。

(A)厂级教育、分厂教育、岗前教育

(B)厂级教育、分厂教育(车间教育)、班组教育

(C)厂级教育、班组教育、岗前教育

(D)分厂教育、岗前教育、班组教育

47. 锉刀的锉纹有(　　)。

(A)单纹和双纹　　(B)斜纹和尖纹

(C)尖纹和圆纹　　(D)斜纹和双纹

48. 全面质量管理概念源于(　　)。

(A)日本　(B)美国　(C)英国　(D)德国

49. 胸外按压与口对口人工呼吸同时进行,单人抢救时,每按压(　　)次后,吹气(　　)次。

(A)10,3　(B)10,1　(C)15,1　(D)15,2

50. 在进行气焊工作时,氧气瓶与乙炔瓶之间的距离不得小于(　　)m。

(A)12　(B)8　(C)6　(D)5

51. 锉刀按用途可分为(　　)。

(A)粗齿锉、中齿锉、细齿锉　(B)大号、中号、小号

(C)普通锉、特种锉、整形锉　(D)1 号、2 号、3 号

52. 丝锥的种类分为(　　)。

(A)粗牙、中牙、细牙　(B)英制、公制、管螺纹

(C)手工、机用、管螺纹　(D)大号、中号、小号

53. 有效数字不是 4 位的是(　　)。

(A)2.318　(B)40.05　(C)0.123　(D)111.4

54. 0.246 895 取 5 位有效数字,正确的是(　　)。

(A)0.246 8　(B)0.246 89　(C)0.246 90　(D)0.246 9

55. 电阻串联时,当在支路两端施加一定的电压时,各电阻上的电压为(　　)。

(A)电阻越小,电压越大　(B)电阻越大,电压越小

(C)电阻越大,电压越大　(D)与电阻的大小无关

56. 热电阻测温元件一般应插入管道(　　)。

(A)越过中心线 5～10 mm　(B)10～15 mm

(C)50 mm　(D)任意长度

57. 在工作台面上安装台虎钳时,其钳口与地面高度应是(　　)。

(A)站立时的肘部　(B)站立时的胸部

(C)站立时的腰部　(D)站立时的膝部

58. 轴承与孔配合时,利用锤击法,则力要作用在(　　)上。

(A)轴承　(B)外环　(C)内环　(D)孔

59. 锉削的表面不可用手摸擦,以免锉刀(　　)。

(A)打滑　(B)生锈　(C)损坏　(D)变钝

60. 乙炔瓶工作时要求(　　)放置。

(A)倒置　(B)水平　(C)倾斜　(D)垂直

61. 乙炔瓶的放置距明火不得小于(　　)。

(A)10 m　(B)13 m　(C)15 m　(D)20 m

62. 确定尺寸精确程度的公差等级共有(　　)级。

(A)15　(B)20　(C)25　(D)30

63. 5 英分写成(　　)。

(A)5/8　(B)5/12　(C)1/3　(D)10/15

64. 金属导体的电阻与(　　)无关。

(A)外加电压　(B)导体的截面积　(C)材料的电阻率　(D)导体的长度

65. 在串联电路中，电源内部电流(　　)。

(A)从高电位流向低电位　　(B)等于零

(C)从低电位流向高电位　　(D)无规则流动

66. 一个工程大气压(kgf/cm^2)相当于(　　)毫米汞柱。

(A)535.6　　(B)735.6　　(C)835.6　　(D)935.6

67. 电焊机一次测电源线应绝缘良好，长度不得超过(　　)，超长时应架高铺设。

(A)9 m　　(B)6 m　　(C)3 m　　(D)1 m

68. 下列单位中属于压力单位的是(　　)。

(A)牛顿/米^2　　(B)牛顿·米　　(C)焦耳　　(D)公斤·米

69. 物质从液态变为气态的过程叫(　　)。

(A)凝结　　(B)平衡　　(C)蒸发　　(D)汽化

70. 平垫圈主要是为了增大(　　)，保护被联接件。

(A)接触面积　　(B)摩擦力　　(C)紧力　　(D)螺栓强度

71. 一个工程大气压(kgf/cm^2)相当于(　　)毫米水柱。

(A)13 330　　(B)13 333　　(C)10 000　　(D)13 000

72. 两个10 Ω的电阻并联在电路中，其总电阻值为(　　)Ω。

(A)5　　(B)10　　(C)15　　(D)20

73. 有三块压力表，其量程如下，它们的误差绝对值都是0.2 MPa，准确度最高的是(　　)。

(A)10 MPa　　(B)1 MPa　　(C)4 MPa　　(D)6 MPa

74. 压力增加后，饱和水的密度(　　)。

(A)波动　　(B)增大　　(C)减小　　(D)不变

75. 划针尖端应磨成(　　)。

(A)10°～20°　　(B)20°～25°　　(C)25°～30°　　(D)30°～35°

76. 不同直径管子对口焊接，其内径差不宜超过(　　)，否则，应采用变径管。

(A)5 mm　　(B)4 mm　　(C)3 mm　　(D)2 mm

77. 管路支架的间距宜均匀，无缝钢管水平敷设时，支架距离为(　　)。

(A)1～1.5 m　　(B)2～2.5 m　　(C)3～3.5 m　　(D)4～4.5 m

78. 无缝钢管垂直敷设时，支架距离为(　　)。

(A)1～1.5 m　　(B)1.5～2 m　　(C)3～3.5 m　　(D)4～4.5 m

79. 就地压力表，其刻度盘中心距地面高度宜为(　　)。

(A)0.8 m　　(B)1 m　　(C)1.2 m　　(D)1.5 m

80. 电线管的弯成角度不应小于(　　)。

(A)60°　　(B)75°　　(C)80°　　(D)90°

81. 就地压力表采用的导管外径不应小于(　　)。

(A)ϕ16 mm　　(B)ϕ14 mm　　(C)ϕ12 mm　　(D)ϕ10 mm

82. 弹簧管压力表上的读数为(　　)。

(A)表压力　　(B)表压力减去大气压表压力

(C)表压力与大气压之和　　(D)绝对压力

83. 管子在安装前,端口应临时封闭,以避免(   )。

(A)生锈 (B)脏物进入 (C)管头受损 (D)变形

84. 就地压力表安装时,其与支点的距离应尽量缩短,最大不应超过(   )。

(A)200 mm (B)400 mm (C)600 mm (D)800 mm

85. 管路敷设完毕后,应用(   )进行冲洗。

(A)蒸气 (B)稀硫酸 (C)煤油 (D)水或空气

86. 弹簧管式压力表中,游丝的作用是为了(   )。

(A)固定表针 (B)提高灵敏度

(C)减小回程误差 (D)平衡弹簧管的弹性力

87. 划针一般用(   )制成。

(A)弹簧钢 (B)高碳钢 (C)不锈钢 (D)普通钢

88. 划针盘是用来(   )。

(A)测量高度 (B)划等高平行线

(C)确定中心 (D)划线或找正工件的位置

89. 使用砂轮时人应站在砂轮(   )。

(A)侧面 (B)正面 (C)两砂轮中间 (D)背面

90. 钢直尺使用完毕,将其擦净封闭起来或平放在平板上,主要是为了防止直尺(   )。

(A)折断 (B)碰毛 (C)弄脏 (D)变形

91. 46.45 毫米=(   )。

(A)1.629 英寸 (B)1.628 英寸 (C)1.829 英寸 (D)1.828 英寸

92. 瓶装溶解乙炔的纯度是(   )。

(A)98% (B)97% (C)95% (D)92%

93. 纯氩的国家标准是氩纯度≥(   )。

(A)99.996% (B)99.993% (C)99.99% (D)99.995%

94. 高纯氩的国家标准是氩含量优等品≥(   )。

(A)99.999 8% (B)99.999 6% (C)99.999 4% (D)99.999 2%

95. 高纯氩的国家标准是一级品≥(   )。

(A)99.999 3% (B)99.999 4% (C)99.999 5% (D)99.999%

96. 高纯氩的国家标准是合格品≥(   )。

(A)99.999 3% (B)99.999 2% (C)99.999 1% (D)99.999 8%

97. 高纯氧的国家标准是氧含量优等品≥(   )。

(A)99.999 3% (B)99.999 2% (C)99.999 1% (D)99.999%

98. 高纯氧的国家标准是一等品≥(   )。

(A)99.995% (B)99.996% (C)99.997% (D)99.998%

99. 高纯氧的国家标准是合格品≥(   )。

(A)99.995% (B)99.993% (C)99.992% (D)99.991%

100. 医用氧的国家标准是氧含量≥(   )。

(A)99.2% (B)99.5% (C)99.6% (D)99.8%

101. 高纯氧的国家标准是水分含量(露点)≤(   )。

(A)23 ℃　　(B)33 ℃　　(C)43 ℃　　(D)53 ℃

102. 容积大于等于(　　)的球形储罐属于三类压力容器。

(A)20 m^3　　(B)30 m^3　　(C)40 m^3　　(D)50 m^3

103. 容积大于(　　)的低温液体储存压力容器属于三类压力容器。

(A)5 m^3　　(B)15 m^3　　(C)25 m^3　　(D)35 m^3

104. 氧的分析方法中错误的是(　　)。

(A)磁氧分析器测定法　　(B)铜氨溶液法

(C)保险粉溶液吸收法　　(D)铜氨溶液比色法

105. 氮气纯度分析的连续测定方法中错误的是(　　)。

(A)黄磷吸收法　　(B)磁氧分析器测定法

(C)原电池法　　(D)光电法

106. 必须严格控制液氧中乙炔含量不得超过(　　)。

(A)0.35 mg/L　　(B)0.25 mg/L　　(C)0.15 mg/L　　(D)0.05 mg/L

107. 液氧中的含油量不得超过(　　)。

(A)0.35 mg/L　　(B)0.25 mg/L　　(C)0.15 mg/L　　(D)0.05 mg/L

108. 气瓶一般情况下，12 L 以下为小容积，(　　)以上为大容积。

(A)100 L　　(B)120 L　　(C)150 L　　(D)200 L

109. 氧气站的低温液体泵的最大排出流量为(　　)。

(A)400 L/h　　(B)500 L/h　　(C)700 L/h　　(D)800 L/h

110. 氧气站的低温汽化器的最高工作压力为(　　)。

(A)12 MPa　　(B)13 MPa　　(C)14 MPa　　(D)15 MPa

111. 操作规程规定，氧、氮气瓶的充装压力最高不超过(　　)。

(A)12.5 MPa　　(B)13.5 MPa　　(C)14.5 MPa　　(D)15.5 MPa

112. 氧气瓶正在充装时，每排充装时间不得低于(　　)。

(A)20 分钟　　(B)30 分钟　　(C)35 分钟　　(D)40 分钟

113. 氧气的熔点是(　　)。

(A)−188.8 ℃　　(B)−198.8 ℃　　(C)−208.8 ℃　　(D)−218.8 ℃

114. 氧气与空气的相对密度是(　　)。

(A)1.13　　(B)1.23　　(C)1.33　　(D)1.43

115. 当氧气浓度超过 40%时，就可能发生氧气中毒，当吸入的氧气浓度在(　　)以上时，则会出现眩晕、心动过速、虚脱、昏迷、抽搐、呼吸衰竭而死亡。

(A)80%　　(B)82%　　(C)84%　　(D)86%

116. 当空气中氩气浓度高于(　　)时就有窒息的危险。

(A)55%　　(B)44%　　(C)33%　　(D)22%

117. 当氩气浓度超过 50%时，出现严重症状，浓度达到(　　)以上时，能在数分钟内死亡。

(A)75%　　(B)76%　　(C)77%　　(D)78%

118. 氧气瓶外表面颜色为(　　)，字样颜色为(　　)。

(A)天蓝、红色　　(B)天蓝、黑色　　(C)深绿、黑色　　(D)深绿、白色

119. 根据经验气温每降低 10 ℃,氧气瓶内压力约降(　　)。
(A)0.7 MPa　(B)0.6 MPa　(C)0.5 MPa　(D)0.4 MPa
120. 氧气瓶残余变形率大于(　　)应报废。
(A)10%　(B)15%　(C)20%　(D)30%
121. 关于容易发生氧气瓶阀着火情况的说法错误的是(　　)。
(A)刚开始开阀充气时　(B)压力达到 10 MPa 以上继续补充空瓶时
(C)充完瓶往气柜倒余气时　(D)充瓶后关阀时
122. 氧气管道着火时,首先切断气源,再用(　　)灭火。
(A)泡沫或二氧化碳灭火器　(B)二氧化碳或四氯化碳灭火器
(C)泡沫或四氯化碳灭火器　(D)水和二氧化碳灭火器
123. 安全生产的方针是"安全第一,(　　)。安全为了生产,生产必须安全"。
(A)生产第二　(B)预防为主　(C)减少事故　(D)降低死亡
124. 氧气站内动火,室内含氧量经化验,不能超过(　　)。
(A)23%　(B)33%　(C)35%　(D)40%
125. 氧气站储气罐顶部安全阀校验期为(　　)。
(A)半年　(B)一年　(C)三个月　(D)四个月
126. 氩气的熔点是(　　)。
(A)−189.2 ℃　(B)−189.4 ℃　(C)−189.6 ℃　(D)−189.8 ℃
127. 液氩的相对密度是(　　)。
(A)1.11　(B)1.21　(C)1.31　(D)1.41
128. 氩的沸点是(　　)。
(A)−185.3 ℃　(B)−185.5 ℃　(C)−185.7 ℃　(D)−185.9 ℃
129. 氩气相对蒸气密度是(　　)。
(A)1.38　(B)1.48　(C)1.58　(D)1.68
130. 氩气的饱和蒸气压(kPa)是(　　)。
(A)139.99　(B)149.99　(C)159.99　(D)169.99
131. 氩气的临界温度是(　　)。
(A)−120.4 ℃　(B)−121.4 ℃　(C)−122.4 ℃　(D)−123.4 ℃
132. 氩气的临界压力(MPa)是(　　)。
(A)4.863　(B)4.864　(C)4.865　(D)4.866
133. 氮的熔点是(　　)。
(A)−209.2 ℃　(B)−209.4 ℃　(C)−209.6 ℃　(D)−209.8 ℃
134. 液氮的相对密度(水=1)是(　　)。
(A)0.81　(B)0.71　(C)0.61　(D)0.51
135. 氮气的相对密度(空气=1)是(　　)。
(A)0.95　(B)0.96　(C)0.97　(D)0.98
136. 流过负载的电流 I 与负载两端的电压 U 成(　　)。
(A)反比　(B)正比　(C)没关系　(D)其他
137. 国际上长度的基本单位是(　　)。

(A)尺 (B)公里 (C)英尺 (D)米

138. 温度写法不对的是(　　)。

(A)30 ℃ (B)30 摄氏度 (C)摄氏 30 度 (D)30 K

139. 下列描述性长度的正确写法是(　　)。

(A)410 mm±5 mm (B)2 m26 cm

(C)1.28 m (D)3 m55

140. 在负载中,电流的方向与电压的方向总是(　　)的。

(A)相反 (B)相同

(C)视具体情况而定 (D)任意

141. 根据欧姆定律,相同的电压作用下(　　)。

(A)电阻越大,电流越大 (B)电阻越小,电流越小

(C)电阻越大,电流越小 (D)电流大小与电阻无关

142. 氧气的分子量是(　　)。

(A)28 (B)29 (C)31 (D)32

143. 氮气的分子量是(　　)。

(A)28 (B)29 (C)31 (D)32

144. 空气的分子量是(　　)。

(A)28 (B)29 (C)31 (D)32

145. 氧气站低温液体贮槽上的压力表应至少(　　)校验一次。

(A)半年 (B)一年 (C)三个月 (D)四个月

146. 目前氧气站液体分装使用的液氧低温液体贮槽最高工作压力是(　　)。

(A)0.8 MPa (B)1.0 MPa (C)1.2 MPa (D)1.6 MPa

147. 低温液体泵油面必须保持视油镜的(　　)。

(A)1/4 (B)1/2 (C)1/3 (D)2/3

148. 氧气站现在正在运行的液氧低温贮槽的最大容积是(　　)。

(A)15 m^3 (B)20 m^3 (C)25 m^3 (D)30 m^3

149. 氧气站现在正在运行的液氮低温贮槽的最大容积是(　　)。

(A)10 m^3 (B)15 m^3 (C)20 m^3 (D)30 m^3

150. 工业氧的国家标准是氧含量优等品≥(　　)。

(A)99.7% (B)99.5% (C)99.2% (D)99%

151. 工业氧的国家标准是一等品≥(　　)。

(A)99.9% (B)99.7% (C)99.5% (D)99.2%

152. 工业氧的国家标准是合格品≥(　　)。

(A)99.1% (B)99.2% (C)99.3% (D)99.4%

153. 工业氧的国家标准是合格品游离水不大于(　　)。

(A)70 毫升/瓶 (B)80 毫升/瓶 (C)90 毫升/瓶 (D)100 毫升/瓶

154. 工业氮的国家标准是氮含量优等品≥(　　)。

(A)99.7% (B)99.6% (C)99.5% (D)99.2%

155. 工业氮的国家标准是一等品≥(　　)。

(A)99.7% (B)99.6% (C)99.5% (D)99.2%

156. 工业氮的国家标准是合格品≥(　　)。

(A)98.5% (B)99% (C)99.2% (D)99.5%

157. 工业氮的国家标准是合格品游离水不大于(　　)。

(A)60 毫升/瓶 (B)80 毫升/瓶 (C)100 毫升/瓶 (D)150 毫升/瓶

158. 将钢加热到(　　)以上,保温一定时间使奥氏体化后,再以大于临界冷却速度进行快速冷却,从而发生马氏体转变的热处理工艺,称为淬火。

(A)沸点 (B)熔点 (C)临界点 (D)冰点

159. 间隙配合是孔与轴装配时,有(　　)的配合。

(A)过盈 (B)间隙 (C)间隙或过盈 (D)其他

160. 假想用一个平行于投影面的剖切平面把机件剖开,将处在(　　)和剖切平面之间的部分移去而将其余部分向投影面作投影,所得的图形称为剖视图。

(A)前面 (B)后面 (C)观察者 (D)侧面

161. 假想用剖切平面将机件的某部分切断,仅画出被切断表面的图形,称为(　　)。

(A)主视图 (B)剖面图 (C)俯视图 (D)侧视图

162. 从分子运动论观点看,温度是分子(　　)平均动能的量度。表现为物体的冷热程度。

(A)运动 (B)热运动 (C)冷运动 (D)其他

163. 摄氏温标在标准大气压下,以冰的融点作为 0 ℃,水的沸点作为(　　),在 0~100 ℃之间分成一百等分,每一等分为一度,这种刻度方法称为摄氏温标。

(A)100 ℃ (B)150 ℃ (C)200 ℃ (D)250 ℃

164. 物体热运动平均动能为(　　)时的温度值定为 0 ℃,分度值与摄氏温标相同,这种温标定为绝对温标。

(A)273 (B)173 (C)73 (D)0

165. 物体(　　)上所受的垂直作用力称为压强,俗称压力。

(A)全部 (B)体积 (C)面积 (D)单位面积

166. (　　)内流过的介质数量,称之为流量。

(A)一定时间 (B)一分钟 (C)单位时间 (D)全部时间

167. 氧气的溶解性是微溶于水、(　　)、丙酮。

(A)酒精 (B)生理盐水 (C)四氯化碳 (D)碘酒

168. 氧气的禁配物是(　　)。

(A)碘酒 (B)氧化剂 (C)生理盐水 (D)还原剂

169. 压力容器分为低压、中压、高压、超高压四个等级,低压的压力范围是(　　)。

(A)1~1.6 MPa (B)0.1~1.6 MPa (C)6~10 MPa (D)大于 10 MPa

170. 压力容器分为低压、中压、高压、超高压四个等级,中压的压力范围是(　　)。

(A)1~1.6 MPa (B)1.6~4 MPa (C)1.6~10 MPa (D)大于 10 MPa

171. 把用(　　)造成的低温气体所具有吸收热量的能力叫冷量。

(A)人工 (B)天然 (C)自然 (D)综合

172. 在混合物中,我们把容易(　　)的组分,称为易挥发组分。

(A)汽化　　(B)溶解　　(C)蒸发　　(D)熔化

173. 在混合物中,我们把难(　　)的组分,称为难挥发组分。

(A)熔化　　(B)汽化　　(C)蒸发　　(D)溶解

174. 湿空气在(　　)下冷却到某一温度时,水分开始从湿空气中析出,这种温度称为露点。

(A)定压　　(B)一大气压　　(C)标准状况　　(D)一兆帕

175. 湿空气中的(　　)含量与当时温度下饱和湿空气所含的水蒸气量之比,称之为相对湿度。

(A)水　　(B)氧气　　(C)水蒸气　　(D)氮气

三、多项选择题

1. 下列属于特种设备的是(　　)。

(A)车床　　(B)压力容器　　(C)天车　　(D)铣床

2. 下列属于特种设备的是(　　)。

(A)锅炉　　(B)厂内机动车　　(C)电梯　　(D)客运索道

3. 气瓶要同时满足的条件是(　　)。

(A)压力与容积的乘积应大于或等于 1.0 MPa・L

(B)盛装的介质应是气体

(C)压力应大于或等于 0.2 MPa

(D)压力应大于或等于 0.5 MPa

4. 下列属于气瓶作用的是(　　)。

(A)储存气体　　(B)运输气体　　(C)气体换热　　(D)气体排水

5. 关于临界温度,下列说法正确的是(　　)。

(A)气体的临界温度越高,就越容易液化

(B)如果气体低于临界温度时,液化才有可能

(C)气体的温度比其临界温度越低,液化所需要压力越小

(D)只要压力大,临界温度大小都没有关系,都能使气体液化

6. 下列属于压缩气体的是(　　)。

(A)永久气体　　(B)液化气体　　(C)溶解气体　　(D)空气

7. 下列属于液化气体的是(　　)。

(A)氧气　　(B)氮气　　(C)二氧化碳　　(D)丙烯

8. 下列属于高压液化气体的是(　　)。

(A)氩气　　(B)乙烷　　(C)二氧化碳　　(D)乙烯

9. 下列属于低压液化气体的是(　　)。

(A)丙烷　　(B)液化石油气　　(C)二氧化碳　　(D)丙烯

10. 下列不属于溶解气体的是(　　)。

(A)乙炔　　(B)氧气　　(C)氢气　　(D)二氧化碳

11. 下列不属于吸附气体的是(　　)。

(A)乙炔　　(B)氧气　　(C)氢气　　(D)二氧化碳

12. 下列属于氧化性气体的是(　　)。

(A)空气　(B)氧气　(C)氢气　(D)二氧化碳

13. 下列属于毒性气体的是(　　)。

(A)氯气　(B)硫化氢　(C)一氧化碳　(D)二氧化碳

14. 下列属于腐蚀性气体的是(　　)。

(A)氨气　(B)硫化氢　(C)一氧化碳　(D)二氧化碳

15. 燃烧和爆炸的不同点是(　　)。

(A)氧化速度不同　(B)可燃物和助燃物比例不同

(C)还原速度不同　(D)可燃物和助燃物混合的均匀程度

16. 乙炔在空气中的比例在其爆炸极限范围内的是(　　)。

(A)3%　(B)75%　(C)85%　(D)90%

17. 氧气能助燃,它与下列(　　)等按一定比例混合,成为可燃性的混合气体,一旦有火源或产生引爆条件,能引起爆炸。

(A)H_2　(B)CO　(C)N_2　(D)CH_4

18. 下列属于混合物的是(　　)。

(A)空气　(B)氧气　(C)氮气　(D)液化石油气

19. 空气在压力容器生产行业中的用途是(　　)。

(A)做气密性试验　(B)气压试验　(C)原材料　(D)焊接

20. 空气会使许多金属腐蚀主要是由于空气中的(　　)等气体的共同作用而发生的复杂化学反应的结果。

(A)氧气　(B)水蒸气　(C)二氧化碳　(D)惰性气体

21. 空气中含量低于1%的气体是(　　)。

(A)甲烷　(B)氧气　(C)二氧化碳　(D)惰性气体

22. 下列属于惰性气体的是(　　),其化学性质极不活跃,很难和其他元素发生反应。

(A)氦气　(B)氩气　(C)二氧化碳　(D)一氧化碳

23. 关于一氧化碳,下列说法正确的是(　　)。

(A)一氧化碳的毒性很大　(B)对人体的危害大又很不容易觉察

(C)空气中最高容许浓度为 30 mg/m^3　(D)是惰性气体

24. 关于二氧化碳,下列说法正确的是(　　)。

(A)在常温下的化学性质稳定

(B)液态 CO_2 凝成固体,称为"干冰"

(C)在常温下不会分解

(D)在空气中如果浓度较高时,会造成人的缺氧窒息

25. 关于二氧化碳的物理性质,下列说法正确的是(　　)。

(A)无色　(B)无味　(C)无臭　(D)有酸味

26. 关于氯气的物理性质,下列说法正确的是(　　)。

(A)无色　(B)黄绿色　(C)有刺激性　(D)有毒性

27. 关于氨气的物理性质,下列说法正确的是(　　)。

(A)无色透明　(B)有臭味　(C)有刺激性　(D)有毒性

28. 下列属于液化石油气的主要成分的是(　　)。

(A)丙烷　(B)丁烷　(C)一氧化碳　(D)二氧化碳

29. 气瓶在使用过程中,发现有(　　)时,提前进行检验。

(A)瓶阀漏气　(B)损伤　(C)严重腐蚀　(D)对安全可靠性有怀疑

30. 下列属于设备润滑管理五定内容的是(　　)。

(A)定人　(B)定设备　(C)定点　(D)定时

31. 下列属于设备润滑管理五定内容的是(　　)。

(A)定质　(B)定量　(C)定制度　(D)定时

32. 下列属于设备管理三好内容的是(　　)。

(A)使用好　(B)管理好　(C)检修好　(D)养修好

33. 下列属于溶解气体的是(　　)。

(A)氧气　(B)氮气　(C)氩气　(D)乙炔气

34. 下列属于设备管理四会内容的是(　　)。

(A)会使用　(B)会检查　(C)会养修　(D)会排除故障

35. 下列属于设备管理日常保养内容的是(　　)。

(A)清洁　(B)润滑　(C)安全　(D)零修

36. 下列属于设备日常清洁的内容的是(　　)。

(A)清扫保养设备,无油污与灰尘,呈现本色

(B)设备外观清洁无黄袍,油漆无脱落

(C)场地清洁,积水、积油、铁屑、杂物及时清扫干净

(D)设备零修

37. 下列属于设备润滑的内容的是(　　)。

(A)油池有油,油质清洁,油标醒目

(B)设备外观清洁无黄袍,油漆无脱落

(C)按时润滑

(D)油孔、油嘴、油管等润滑装置齐全完整,不堵塞,油线、油毡齐全、清洁

38. 下列属于设备操作内容的是(　　)。

(A)有设备操作维护保养规程,操作人员熟知规程内容

(B)凭证操作

(C)油孔、油嘴、油管等润滑装置齐全完整。

(D)定人、定机

39. 下列属于设备交接内容的是(　　)。

(A)按时记录,完整、清楚　(B)凭证操作

(C)按时交接,交接清楚　(D)定人、定机

40. 下列属于设备安全内容的是(　　)。

(A)灵敏可靠　(B)凭证操作

(C)按时交接,交接清楚　(D)安全装置齐全

41. 决定气体压强大小的因素有(　　)。

(A)气体压缩程度　(B)质量　(C)温度　(D)性质

42. 工业上常用的压力名称有(　　)。

(A)牛顿　(B)标准大气压　(C)工程大气压　(D)表压力

43. 气体基础方面,物质的三态是指(　　)。

(A)混合状态　(B)液态　(C)固态　(D)气态

44. 根据规定,工业气瓶从结构上分类分为(　　)。

(A)组合气瓶　(B)焊接气瓶　(C)无缝气瓶　(D)复合气瓶

45. 根据规定,工业气瓶从材质上分类分为(　　)。

(A)钢质气瓶　(B)铝合金气瓶　(C)复合气瓶　(D)焊接气瓶

46. 根据规定,工业气瓶从用途上分类分为(　　)。

(A)永久气体气瓶　(B)铝合金气瓶　(C)溶解乙炔气瓶　(D)非溶解气瓶

47. 根据规定,工业气瓶从制造方法上分类分为(　　)。

(A)拉伸气瓶　(B)复合气瓶　(C)焊接气瓶　(D)绕丝气瓶

48. 根据规定,工业气瓶从承受压力上分类分为(　　)。

(A)超高压气瓶　(B)中压气瓶　(C)低压气瓶　(D)高压气瓶

49. 根据规定,工业气瓶从使用要求上分类分为(　　)。

(A)专用气瓶　(B)一般气瓶　(C)通用气瓶　(D)特殊气瓶

50. 根据规定,工业气瓶从形状上分类分为(　　)。

(A)柱形气瓶　(B)桶形气瓶　(C)球形气瓶　(D)葫芦形气瓶

51. 下列(　　)是气瓶的组成部分。

(A)瓶颈、筒体　(B)瓶阀、防震圈　(C)瓶根　(D)瓶底

52. 包括(　　)都是无缝气瓶的附件。

(A)瓶口　(B)瓶帽　(C)瓶链　(D)防震圈

53. 表面缺陷有(　　),是焊接气瓶中常见的。

(A)焊缝超高　(B)焊瘤、凹坑　(C)表面气孔　(D)表面裂纹

54. 内部缺陷有(　　)、是焊接气瓶中常见的。

(A)焊瘤　(B)未焊透　(C)夹渣　(D)气孔

55. 永久气体液态输送与气态充瓶输送比较,(　　)说法是正确的。

(A)前者降低运输成本　(B)前者不需要大量的钢瓶

(C)前者质量更有保证　(D)前者需要大量的钢瓶

56. 为了(　　)而发生各种事故,所以气瓶充装前逐只进行认真检查。

(A)防止在充装时　(B)防止由于超压

(C)防止超期服役　(D)防止误用报废瓶

57. 在充装过程中对乙炔气瓶喷淋冷却水的目的是(　　)。

(A)降低乙炔在丙酮中的溶解速度　(B)冷却乙炔瓶

(C)加快乙炔在丙酮中的溶解速度　(D)防止超压

58. 标准规定,工业气瓶在定期检验中,水压试验的合格标准是(　　)。

(A)高压气瓶的容积残余变形率不得超过15%

(B)压力表有回降现象

(C)在试验压力下,瓶体不得有宏观变形、渗漏

(D)高压气瓶的容积残余变形率不得超过10%

59. 低温液体贮槽的安全使用管理制度中,下列说法(　　)是正确的。

(A)常规检验三个月一次

(B)安全阀、压力表应定期检验

(C)常规检验半年一次

(D)办理《压力容器使用证》,并在质监部门注册

60.(　　)是常见的温度计。

(A)液体温度计　(B)酒精温度计　(C)水银温度计　(D)固体温度计

61.(　　)是常用的温标。

(A)气体学温标　(B)摄氏温标　(C)物理学温标　(D)华氏温标

62. 关于物质汽化过程中的方式,(　　)是正确的说法。

(A)蒸发　(B)升华　(C)沸腾　(D)挥发

63.(　　)是物质蒸发具有的特征。

(A)在降低压力下蒸发　(B)液体在任意温度下都可以蒸发

(C)在升高压力下蒸发　(D)蒸发现象仅发生在液体的表面

64. 同一种液体的蒸发速度与下列因素(　　)是有关的。

(A)密度　(B)温度　(C)气体排除速度　(D)气体压力

65.(　　)决定物质相平衡状态。

(A)体积　(B)温度　(C)质量　(D)压力

66. 气体在临界状态下(　　)是经常用到的参数。

(A)临界质量　(B)临界密度　(C)临界温度　(D)临界体积

67. 气体的基本定律有(　　)是常用的。

(A)牛顿定律　(B)欧姆定律　(C)查理定律　(D)盖吕萨克定律

68.(　　)属于瓶装压缩气体。

(A)挥发气体　(B)液化气体　(C)溶解气体　(D)永久气体

69. 按其在瓶内的状态分为(　　)属于瓶装混合气体。

(A)溶解气体　(B)液态混合气　(C)气态混合气　(D)挥发气体

70.(　　)属于特种气体。

(A)集成气体　(B)标准气体　(C)稀有气体　(D)电子气体

71.(　　)是物质燃烧三要素。

(A)可燃物　(B)静电　(C)火源　(D)助燃物

72.(　　)属于气体爆炸分类的类型。

(A)物理性爆炸　(B)燃烧式爆炸　(C)化学性爆炸　(D)静电式爆炸

73.(　　)属于可燃性气体。

(A)助燃气体　(B)可燃气体　(C)易燃气体　(D)自燃气体

74. 对于瓶装可燃气体,下列正确的说法是(　　)。

(A)与空气混合时爆炸下限越低,则危险程度越高

(B)与空气混合时爆炸范围越宽,则危险程度越高

(C)高燃点越低,则危险程度越高

(D)密度比空气越小,则危险程度越高

75.(　　)是分解爆炸产生的条件。

(A)临界压力　(B)激发能源　(C)空气　(D)温度

76.(　　)属于气体毒性级别。

(A)重度危害　(B)高度危害　(C)中度危害　(D)轻度危害

77. 关于氧气的用途,下列说法(　　)是正确的。

(A)企业生产所必需的气体　(B)在机械工业中应用较少

(C)作重油或煤粉的氧化剂　(D)钢铁企业不可缺少的原料

78. 下列制取氧气的方法中,(　　)是正确的。

(A)液体分装法　(B)电解法　(C)吸附法　(D)化学法

79. 关于氮气的用途,下列说法(　　)是正确的。

(A)氨肥工业的主要原料　(B)冶金工业中的保护气

(C)作为洗涤气　(D)企业生产所必需的气体

80. 下列制取氮气的方法中,(　　)是正确的。

(A)电解法　(B)深度冷冻法　(C)吸附法　(D)分解法

81. 关于氢气的用途,下列说法(　　)是正确的。

(A)填充足球　(B)加工石英器件

(C)液态是飞机、火箭的燃料　(D)用作保护气和还原气体

82. 下列制取氢气的方法中,(　　)是正确的。

(A)液体分装法　(B)化学法　(C)变压吸附法　(D)电解法

83. 关于氩气的用途,下列说法(　　)是正确的。

(A)用作载气　(B)用作氧化气体　(C)填充气球　(D)作为保护气

84. 关于氦气的用途,下列说法(　　)是正确的。

(A)成为一种普通物资　(B)用作载气

(C)制造核武器　(D)作为保护气

85. 关于二氧化碳的性质,下列说法(　　)是正确的。

(A)黄绿色　(B)无臭　(C)稍有酸味　(D)无毒性

86. 关于二氧化碳的用途,下列说法(　　)是正确的。

(A)食品　(B)保护气　(C)用作载气　(D)饮料

87. 下列制取二氧化碳的方法中,(　　)是正确的。

(A)生产水泥副产品　(B)碳燃烧

(C)发酵过程副产品　(D)其他

88.(　　)属于二氧化碳中毒的临床症状。

(A)重度中毒　(B)中度中毒　(C)深度中毒　(D)轻度中毒

89. 处置二氧化碳中毒人员,下列做法(　　)是正确的。

(A)拨打 120　(B)人工呼吸　(C)转到空气新鲜处　(D)用水洗脸

90. 液化石油气的主要成分是(　　)。

(A)丙烷　(B)乙烷　(C)甲烷　(D)丁烷

91. 下列的(　　)是属于一般民用和工业用的液化石油气。

(A)以甲烷为主要成分　(B)以丁烷为主要成分
(C)混合液化石油气　(D)高纯度丙烷

92. 关于液化石油气的用途，下列说法(　　)是正确的。
(A)天然气灶　(B)保护气　(C)液化气灶　(D)煤气工业的原料

93. 下列制取液化石油气的方法中，(　　)是正确的。
(A)从天然气凝析液中回收　(B)在炼油厂回收
(C)液体分装法　(D)其他

94. 关于乙炔的性质，下列说法(　　)是正确的。
(A)可燃液体　(B)无色　(C)可燃气体　(D)无臭

95. 乙炔具有(　　)等反应能力，因为其化学性质非常活泼。
(A)分解　(B)挥发　(C)还原　(D)聚合

96. 关于乙炔的用途，下列说法(　　)是正确的。
(A)无机合成原料　(B)金属焊接　(C)食品加热　(D)金属切割

97. 下列制取乙炔的方法中，(　　)是正确的。
(A)电石法　(B)液体分装法　(C)甲烷裂解法　(D)烃类裂解法

98.(　　)是强度按外力作用形式分的。
(A)抗拉强度　(B)抗压强度　(C)抗弯强度　(D)抗折强度

99.(　　)是材料硬度按测定方法的不同分的。
(A)献氏硬度　(B)洛氏硬度　(C)康氏硬度　(D)维氏硬度

100.(　　)是属于气瓶焊接工艺。
(A)气焊　(B)电弧焊　(C)钎焊　(D)埋弧自动焊

101.(　　)是使用无缝气瓶进行充装的气体。
(A)氮气　(B)丙烯　(C)二氧化碳　(D)丙烷

102.(　　)是使用焊接气瓶进行充装的气体。
(A)乙炔　(B)氩气　(C)丙烯　(D)丙烷

103.(　　)是钢质气瓶中按材料的化学成分分类的。
(A)工具钢气瓶　(B)锰钢气瓶　(C)铬钼钢气瓶　(D)不锈钢气瓶

104.(　　)是允许装入铝合金气瓶的气体。
(A)氦气　(B)空气　(C)氧气　(D)二氧化碳

105.(　　)是焊接气瓶的结构形式。
(A)液化石油气钢瓶　(B)氮气瓶
(C)溶解乙炔气瓶　(D)二氧化碳气瓶

106.(　　)是可以用公称压力为 15 MPa 的无缝气瓶充装的气体。
(A)丁烷　(B)氮气　(C)氩气　(D)丙烷

107.(　　)有钢质无缝气瓶的容积是 40 L 的气瓶。
(A)丁烷气瓶　(B)氮气瓶　(C)氧气瓶　(D)氩气瓶

108. 下列(　　)是属于气瓶附件的。
(A)瓶底　(B)瓶帽　(C)防震圈　(D)瓶肩

109. 关于气瓶附件，下列说法(　　)是正确的。

(A)气瓶的一般组成部分　　(B)可有可无的部分
(C)具有重要的使用作用　　(D)具有安全防护作用

110. 关于气瓶瓶帽,下列说法(　　)是正确的。
(A)开有一个卸压孔　　(B)没有卸压孔
(C)具有良好的抗撞击性能　　(D)具有互换性

111. 关于常用的气瓶瓶阀,下列说法(　　)是正确的。
(A)属于企业标准
(B)同一规格、型号的瓶阀,其质量误差不超过3%
(C)与气瓶连接的阀口螺纹必须与气瓶口内螺纹相匹配
(D)逐只有出厂合格证

112.(　　)是属于氧气钢瓶阀主要零件的。
(A)阀芯　　(B)防震圈　　(C)阀体　　(D)阀杆

113. 下列(　　)是属于氩气钢瓶阀主要零件的。
(A)调整螺母　　(B)阀芯　　(C)阀体　　(D)阀杆

114. 下列(　　)是属于氮气钢瓶阀主要零件的。
(A)阀帽　　(B)阀芯、压紧螺母　　(C)密封垫　　(D)防爆膜片

115. 气瓶外表面的(　　)是气瓶的颜色标志。
(A)钢印　　(B)字样　　(C)字色　　(D)检验标记

116.(　　)是气瓶的颜色标志的作用。
(A)减少阻力　　(B)防止气瓶锈蚀　　(C)气瓶种类识别　　(D)美观

117.(　　)属于气瓶的钢印标记。
(A)使用单位编号　　(B)制造钢印标记　　(C)检验钢印标记　　(D)使用厂代码

118. 关于气瓶检验色标,下列说法(　　)是正确的。
(A)每10年为一个循环周期　　(B)按年份涂检验色标
(C)每6年为一个循环周期　　(D)形状为矩形或椭圆形

119. 关于安全阀的动作原理,下列说法(　　)是正确的。
(A)是一种手动阀门　　(B)不能够自动关闭
(C)是一种自动阀门　　(D)能够自动排出一定量的流体

120. 关于对安全阀性能的要求,下列说法(　　)是正确的。
(A)准确的整定　　(B)稳定的排放　　(C)及时的回座　　(D)可靠的密封

121.(　　)是安全阀按使用介质分类的。
(A)石油气安全阀　　(B)空气及其他气体安全阀
(C)液体用安全阀　　(D)压缩气体安全阀

122.(　　)是安全阀按公称压力分类的。
(A)特殊压力安全阀　　(B)中压安全阀
(C)高压安全阀　　(D)超高压安全阀

123.(　　)是安全阀按使用温度分类的。
(A)低温安全阀　　(B)常温中温安全阀
(C)高温安全阀　　(D)超高温安全阀

124.(　　)是安全阀按连接方式分类的。
(A)法兰连接安全阀　　(B)焊接安全阀
(C)螺纹连接安全阀　　(D)复合安全阀
125.(　　)是安全阀按作用原理分类的。
(A)滞后式安全阀　　(B)直接作用式安全阀
(C)非直接作用式安全阀　　(D)先导式安全阀
126.(　　)是安全阀按动作特性分类的。
(A)中启式安全阀　　(B)全启式安全阀
(C)微启式安全阀　　(D)先导式安全阀
127.(　　)是安全阀按开启高度分类的。
(A)微启式安全阀　　(B)先导式安全阀
(C)中启式安全阀　　(D)全启式安全阀
128.(　　)是安全阀按加载形式分类的。
(A)掉锤式安全阀　　(B)永磁体式安全阀
(C)气室式安全阀　　(D)弹簧式安全阀
129.(　　)是安全阀按气体排放方式分类的。
(A)敞开式安全阀　　(B)半封闭式安全阀
(C)封闭式安全阀　　(D)开放式安全阀
130.(　　)是常用安全阀校验的介质。
(A)压缩空气　　(B)氮气　　(C)氧气　　(D)水
131. 关于安全阀安装的一般要求,下列说法(　　)是正确的。
(A)在设备或管道上横向安装　　(B)安装位置易于维修和检查
(C)液体安全阀安装在正常液面的下面　　(D)压力容器的最高处
132. 下列(　　)是属于本工种危险源。
(A)气体或液体的泄漏　　(B)阀门失灵
(C)气瓶倾倒　　(D)违章操作
133. 下列(　　)是属于本工种环境因素。
(A)排放氮气　　(B)压缩气体爆炸
(C)气体或液体的泄漏　　(D)火灾发生
134. 操作规程中关于工作前的准备有明确的规定,下列说法(　　)是正确的。
(A)检查工具是否齐　　(B)听取班组安全讲话
(C)打扫卫生　　(D)全穿好劳动保护用品
135. 用四氯化碳清洗零件时,(　　)是需要注意的。
(A)必须要在室外进行　　(B)可以在室内进行
(C)手不能有划伤　　(D)清洗残液必须妥善处理
136. 操作规程中关于工作后的具体事项有明确的规定,下列说法(　　)是正确的。
(A)清理好生产作业现场　　(B)消除各种安全防火隐患
(C)做好必要的记录　　(D)更换工作服
137. 突发安全事故时,下列做法(　　)是正确的。

(A)切断气源　(B)切断电源　(C)立即报告　(D)紧急撤离

138. 操作人员的手被低温液体冻伤时,下列做法(　)是正确的。

(A)用冰敷在患处

(B)去医院治疗

(C)用电吹风加热

(D)将受伤部分在常温水中浸泡 15 分钟以上

139. 关于气瓶充装前对充装台的检查,下列说法(　)是正确的。

(A)检查安全阀压力表是否在有效期内　(B)检查管道阀门是否有灰尘

(C)充装卡具是否灵活　(D)卡具是否沾有油脂

140. 关于低温液体泵的预冷,下列说法(　)是正确的。

(A)看到预冷阀持续出液即可

(B)不需要预冷,泵也可以在热状态下启动运行

(C)预冷 2~4 分钟即可

(D)预冷结束后及时关闭预冷阀

141. 关于气瓶充装前检查"七补充"内容,下列说法(　)是正确的。

(A)钢印标记、颜色标记不符合规定,对瓶内介质未确认的

(B)附件损坏、不全或不符合规定的

(C)瓶内无剩余压力的

(D)超过检验期限的

142. 关于气瓶充装前检查"七补充"内容,下列说法(　)是正确的。

(A)经外观检查,存在明显损伤、需要进一步检验的

(B)气体气瓶沾有油脂的

(C)易燃气体气瓶的首次充装或定期检验后的首次充装,未经置换或抽真空处理的

(D)超过检验期限的

143. 关于氧气瓶充装操作内容,下列说法(　)是正确的。

(A)确认已经检查合格的待充装气瓶　(B)将登记好的气瓶运到充装台上

(C)将不合格的瓶号作好登记　(D)用链子锁好,要求一只一锁

144. 关于氧气瓶充装操作内容,下列说法(　)是正确的。

(A)将瓶嘴方向与防错卡具接头相对应,便于连接

(B)将待充装的气瓶与充装台的卡具连接好

(C)将与卡具接好的气瓶阀门全部缓慢打开

(D)快速打开充装台上的高压阀

145. 关于处理充装时氧气瓶卡具泄漏操作,下列说法(　)是正确的。

(A)关闭该气瓶对应的汇流排上的充装阀

(B)打开该气瓶对应的汇流排上的充装阀

(C)关闭气瓶阀,将防错卡具缓慢打开 1/4 扣泄压

(D)卡具重新连接

146. 关于充装时处理氧气瓶泄漏操作,下列说法(　)是正确的。

(A)打开该气瓶对应的汇流排上的充装阀

(B)关闭该气瓶对应的汇流排上的充装阀
(C)关闭气瓶阀,将防错卡具缓慢打开 1/4 扣泄压
(D)更换新的气瓶
147. 关于充装时处理氧气瓶泄漏操作,下列说法(　　)是正确的。
(A)更换下来的气瓶送到待修区
(B)直接在充装台前进行维修,修后继续充装
(C)禁止在充装区修理气瓶
(D)注意检查瓶体温度不得超过 45 ℃
148. 氧气瓶充装压力达到 5.0 MPa 以上时的操作内容,下列说法(　　)是正确的。
(A)充装人员应离开充装现场到操作间通过压力表观察压力变化
(B)充装人员不离开充装现场直接监护压力表
(C)气瓶充装压力达到规定值时,关闭该汇流排进气阀门
(D)气瓶充装压力达到规定值时,立即打开第二组已准备好的汇流排进气阀门
149. 氧气瓶充装压力达到规定值时的操作内容,下列说法(　　)是正确的。
(A)关闭该汇流排进气阀门
(B)关闭已经充完的气瓶上的气瓶阀
(C)在卸去气瓶卡具之前,打开放空阀
(D)查看汇流排压力表,注意要等到汇流排压力归 0 时,方可进行卸瓶操作
150. 关于氧气瓶充满卸瓶后的操作内容,下列说法(　　)是正确的。
(A)卸去卡具,打开气瓶防护链,将充完的气瓶送到重瓶存放区
(B)充完的气瓶,通知化验室进行抽检
(C)抽检合格后粘贴质量合格证
(D)由化验分析人员粘贴质量合格证
151. 关于氧气瓶阀修理及更换前的准备工作,下列说法(　　)是正确的。
(A)指定专人负责,指挥其他配合人员共同完成
(B)参与人员在工作前,必须用肥皂将手洗干净
(C)用四氯化碳清洗氧气瓶阀、零件、工具及盛水容器,再用热水清洗干净
(D)参加人员如需戴手套,必须是干净无油手套
152. 关于氧气瓶阀修理及更换前泄压具体操作步骤,下列说法(　　)是正确的。
(A)将氧气瓶瓶帽卸下
(B)将阀杆打开,将瓶内气体释放干净
(C)打开安全帽半圈或一圈,检验气瓶是否还存有余气,然后缓慢卸下安全帽
(D)从侧面查看安全帽内的气体出口是否有堵塞
153. 关于氧气瓶阀修理及更换前泄压操作,下列说法 (　　)是正确的。
(A)打开阀杆泄压时,瓶嘴不能对人
(B)打开安全帽泄压时,安全帽方向不可以对人
(C)打开阀杆泄压时,必须快速进行
(D)打开阀杆泄压时,必须缓慢进行
154. 关于氧气管道阀门操作,下列说法(　　)是正确的。

(A)操作人员必须位于其侧面 (B)开关阀门必须缓慢进行
(C)必须一次开足或关严,但亦不应太紧 (D)用力过猛会损坏阀体或螺纹

155. 关于氧气管道材质,下列说法(　　)是正确的。
(A)氧气充装汇流排必须采用铜管
(B)氧气充装汇流排必须采用不锈钢管
(C)氧气充装汇流排必须采用钢管
(D)压力低于 2.94 MPa 的输氧管道可以采用无缝钢管

156. 关于氧气充装台接地,下列说法(　　)是正确的。
(A)氧气充装台必须采用可靠接地 (C)接地电阻应小于 5 Ω
(B)氧气充装台不需要采用接地 (D)接地电阻应小于 20 Ω

157. 关于氧气站动火,下列说法(　　)是正确的。
(A)必须采用可靠的措施 (B)应经批准领取动火证
(C)安排好监护人员 (D)准备好灭火器材

158. 检修氧气瓶时,其(　　)均不得沾有油脂,也不得使油脂沾染到阀门、管道、垫片等一切与氧气接触的装置的物件上。
(A)双手 (B)服装 (C)头部 (D)工具

159. 针对气瓶阀口的危险,下列说法(　　)是正确的。
(A)搬运气瓶时,手应远离气瓶阀口
(B)气瓶存放时,阀口亦不应对着人及其他可燃物
(C)搬运气瓶时,瓶阀处于关闭状态,手不必远离气瓶阀口
(D)气瓶存放时,阀口亦可以对着人及其他可燃物

160. 在进入通风不良,有发生窒息危险场所处理液氮、液氩、液态二氧化碳及其气体时,下列说法(　　)是正确的。
(A)必须分析大气含氧量
(B)当含氧量低于 16%,操作人员必须戴上自供或防护面罩
(C)当含氧量低于 18%,操作人员必须戴上自供或防护面罩
(D)须在有专人监护下进行操作处理

161. 关于安全阀型号 A42Y-16C,下列说法(　　)是正确的。
(A)A 代表安全阀 (B)4 代表法兰连接
(C)2 代表全启式 (D)C 代表阀体材料是碳素钢

162.(　　)属于安全阀的定期检查分类内容。
(A)在线检查 (B)在设备及管道上检查
(C)离线检查 (D)拆下来在地上或校验台上检查

163. 关于安全阀在线检查,下列说法(　　)是正确的。
(A)安全阀在设备或管道上进行的检查
(B)检查人员受过专业培训,并取得特种作业人员证书
(C)安全阀在受压或不受压都可以进行的检查
(D)检查人员受过专业培训,但未取得特种作业人员证书

164. 安全阀停止使用需要报废,下列原因(　　)是正确的。

(A)阀瓣和密封面损坏,出现漏气

(B)阀瓣和密封面损坏严重,无法修复

(C)弹簧腐蚀严重,已经无法正常使用

(D)调节圈锈蚀严重,已经无法进行调节

165. 关于安全阀校验台的介质,下列说法(　　)是正确的。

(A)压缩空气　　(B)氮气　　(C)水　　(D)氧气

四、判 断 题

1. 压力容器属于特种设备。(　　)

2. 电梯属于特种设备。(　　)

3. 起重机械不属于特种设备。(　　)

4. 机动车属于特种设备。(　　)

5. 特种设备的作业人员及其相关的管理人员统称特种设备作业人员。(　　)

6. 低温液体贮槽运行前需要检查各仪表是否在有效期内,不检查安全阀是否在校验期内,是否灵敏可靠。(　　)

7. 低温液体贮槽运行前检查连接管路是否有泄漏。(　　)

8. 低温液体贮槽运行前检查贮槽周围有无障碍物,有无易燃气体或易燃物,如果有,必须立即清除。(　　)

9. 低温液体贮槽运行前检查检查阀门有无泄漏现象,开关是否灵活,否则,必须进行修理。(　　)

10. 低温液体贮槽运行前接地电阻是否在规定范围内。(　　)

11. 加装液体前,必须进行置换处理。(　　)

12. 低温液体贮槽运行时配合液体泵启动前的准备工作,快速打开排液阀。(　　)

13. 低温液体贮槽运行时配合液体泵启动,开关对应阀门,保持管内压力符合液体泵工作要求。(　　)

14. 用槽车为贮槽加液时,打开上(或下)进液阀门加液,加高纯液体时(高氮、氩等),需要置换加液管道。(　　)

15. 加液时,不需要保持和调整贮槽内压力。(　　)

16. 每1小时巡回检查贮槽一次,检查贮槽内气体压力是否正常。(　　)

17. 随时检查贮槽内液体存量是否能满足生产,如不足时,及时向上级汇报。(　　)

18. 运行中检查各管路阀门是否有泄漏现象,如果有,立即报检修人员处理。(　　)

19. 运行中不需要检查压力表和安全阀状态是否良好,因为接班时已经检查完毕。(　　)

20. 低温液体贮槽虽然停止工作,但其内部还存有一定压力和液体。(　　)

21. 低温液体贮槽虽然停止工作,但不能拆卸连接部位和阀门,防止冻伤或气体伤害。(　　)

22. 有安全阀保护,低温液体贮槽压力可以超过其最高工作压力。(　　)

23. 低温液体贮槽压力接近其最高工作压力时就必须打开放空阀泄压。(　　)

24. 低温液体贮槽压力表、安全阀定期校验,最少是一年一次。(　　)

25. 室外低温液体贮槽定期进行外观保养,避免出现点腐蚀现象。(　　)

26. 随时对低温液体贮槽出现的泄漏现象进行处理。(　　)

27. 随时对低温液体贮槽对损坏的阀门、密封件等及时进行更换。(　　)

28. 贮槽真空度达不到使用要求时,必须由操作人员进行抽真空处理。(　　)

29. 必须按国家标准定期检验低温液体贮槽。(　　)

30. 修理低温液体贮槽管路或阀门时,要防止液体泄漏冻伤。(　　)

31. 修理低温液体贮槽管路或阀门时严禁使用电气焊作业,如必须使用电气焊维修作业,必须将贮槽内液体放净、压力表可以有 0.3 MPa 以下压力。(　　)

32. 如果是修理氧贮槽要进行置换处理,由专业人员到场,制定好安全防范措施后再进行。(　　)

33. 低温液体泵运行前需要检查电器是否正常。(　　)

34. 低温液体泵运行前需要检查液体泵连接管路是否有泄漏。(　　)

35. 低温液体泵运行前检查周围有无障碍物、可燃物,如果有,必须立即清除。(　　)

36. 低温液体泵运行前检查液体泵油位是否在 1/3 位置。(　　)

37. 低温液体泵夏季加 N68 机械油,冬季根据实际情况加防冻机油。(　　)

38. 低温液体泵运行前检查泵出口压力表、安全阀是否在有效期内。(　　)

39. 低温液体泵运行前进行预冷 1～2 分钟。(　　)

40. 低温液体泵运行前需要盘车 1～2 转,看有无卡滞现象。(　　)

41. 低温液体泵启动前需要全开排液管线上的排液阀。(　　)

42. 低温液体泵启动时先启动电机,打开泵的余气回气阀。(　　)

43. 低温液体泵启动时先将电机转速调到 300～500 r/min,观察泵的运转是否正常。(　　)

44. 低温液体泵启动时需要快速提高电机转速至额定转速。(　　)

45. 低温液体泵启动时需要检查活塞杆密封圈有无渗漏。(　　)

46. 低温液体泵启动时需要检查活塞杆上是否结冰。(　　)

47. 低温液体泵的润滑点在曲轴箱。(　　)

48. 低温液体泵启动时需要检查各接头密封垫有无泄漏。(　　)

49. 低温液体泵启动一切正常后,将泵转速逐渐提高,达到所需流量。(　　)

50. 低温液体泵运行时电机转速最高不超过规定的最高转速。(　　)

51. 运行中需要听液体泵运转过程中的声音是大还是小。(　　)

52. 运行中需要查看液体泵各阀门、接头、密封等处是否有泄漏。(　　)

53. 运行中需要查看液体泵油位是否在 1/2～2/3 处。(　　)

54. 低温液体泵运行需要查看排气压力是否正常。(　　)

55. 低温液体泵运行不必查看电器运行是否正常。(　　)

56. 低温液体泵停机时注意操作顺序不能颠倒,否则会损坏设备。(　　)

57. 易燃气体气瓶的首次充装或定期检验后的首次充装,未经置换或抽真空处理的,应事先进行妥善处理,否则禁止充装。(　　)

58. 氧化或强氧化性气体气瓶沾有油脂的应事先进行妥善处理,否则禁止充装。(　　)

59. 气瓶钢印标记、颜色标记不符合规定,对瓶内介质未确认的,应事先进行妥善处理,否

则禁止充装。(　　)

60. 气瓶附件损坏、不全或不符合规定的应事先进行妥善处理,否则禁止充装。(　　)

61. 气瓶瓶内无剩余压力的可以进行充装。(　　)

62. 气瓶超过检验期限的应事先进行妥善处理,否则禁止充装。(　　)

63. 气瓶经外观检查,存在明显损伤、需要进一步检验的应事先进行妥善处理,否则禁止充装。(　　)

64. 氧气瓶阀修理前不需要进行氧气瓶泄压,可直接拆卸修理。(　　)

65. 氧气瓶泄压时,瓶嘴不能对人。(　　)

66. 氧气瓶打开安全帽泄压时,安全帽方向不可以对人。(　　)

67. 氧气充装台压力表、安全阀必须定期校验,确保灵敏可靠。(　　)

68. 氧气充装台老化、损坏的充装软管必须及时更换。(　　)

69. 充氧管道着火时,直接灭火比切断气源更有效。(　　)

70. 氧气瓶充装时间不应少于 20 min。(　　)

71. 保护瓶阀用的罩式安全附件的统称叫瓶帽。(　　)

72. 瓶帽应具有良好的抗撞击性能。(　　)

73. 瓶帽不应该有互换性。(　　)

74. 瓶帽应装卸方便,不宜松动。(　　)

75. 同一工厂制造的同一规格的瓶帽,其质量允差不应超过 10%。(　　)

76. 瓶帽按其结构分为固定式和拆卸式两种。(　　)

77. 顶端开口的瓶帽属于固定式瓶帽。(　　)

78. 顶端不开口的瓶帽属于固定式瓶帽。(　　)

79. 固定式瓶帽口也车有螺纹,但此螺纹不起紧固作用。(　　)

80. 固定式瓶帽连接主要靠帽口处的紧固螺栓。(　　)

81. 拆卸式瓶帽必须借助专用扳手,从其顶部开口内开关瓶阀。(　　)

82. 气瓶在运输、储存中必须佩戴好瓶帽。(　　)

83. 瓶阀是气瓶的主要附件,它是控制气体进出的一种装置。(　　)

84. 瓶阀材料应不与瓶内盛装气体发生化学反应,也不允许影响气体的品质。(　　)

85. 瓶阀上与气瓶连接的螺纹,必须与瓶口内螺纹相匹配,并应符合相应标准的规定。(　　)

86. 瓶阀出气口的结构,应能有效地防止气体错装、错用。(　　)

87. 所有气体气瓶的瓶阀,密封材料必须采用无油脂的阻燃材料。(　　)

88. 液化石油气瓶阀的手轮材料应具有阻燃性能。(　　)

89. 瓶阀阀体上如装有爆破片,其爆破压力应略高于瓶内气体的最高温升压力。(　　)

90. 同一规格、型号的瓶阀,其质量允差应不超过 8%。(　　)

91. 瓶阀出厂时,应逐只出具合格证。(　　)

92. 防震圈是指套在气瓶筒体上的橡胶圈。(　　)

93. 防震圈的主要功能是使气瓶免受直接冲撞。(　　)

94. 气瓶是固定式压力容器。(　　)

95. 由于气瓶佩戴两个防震圈后,在运输环节上就不容易出现抛、滑、滚等野蛮的装卸现

象。(　　)

96. 气瓶不配戴防震圈,为野蛮装卸提供了方便条件,这是一种非常危险的隐患。(　　)

97. 防震圈可以保护气瓶的漆色标志。(　　)

98. 防震圈可以减少瓶身磨损,延长气瓶使用寿命。(　　)

99. 为保证防震圈的弹性,防震圈的厚度一般不应小于 35 mm。(　　)

100. 防震圈套装位置也必须符合要求,即与气瓶上下端部距离各为 200～250 mm。(　　)

101. 容积 40 L 的气瓶,其防震圈内径应比气瓶外径小 4 mm。(　　)

102. 气瓶的颜色标志是指气瓶外表面的颜色、字样、字色和色环。(　　)

103. 气瓶的颜色标志作用之一是气瓶种类识别依据。(　　)

104. 气瓶的颜色标志作用还有防止气瓶锈蚀。(　　)

105. 气瓶字样一律采用宋体表示。(　　)

106. 溶解乙炔气瓶上必须标注不可近火等字样。(　　)

107. 色环是区别充装同一介质,但具有不同公称工作压力的气瓶标记。(　　)

108. 气瓶的钢印标志是识别气瓶种类的重要依据。(　　)

109. 气瓶的钢印标志包括制造钢印标志和检验钢印标志。(　　)

110. 气瓶经检验合格后,应在检验钢印标志上按检验年份涂检验色标。(　　)

111. 公称容积 40 L 的气瓶检验色标有矩形和椭圆形两种。(　　)

112. 氧气为无色无味的气体,其液态为天蓝色透明液体。(　　)

113. 氧气微溶于水,其固态为蓝色固体结晶。(　　)

114. 在使用氧气时要特别注意,各种油脂与压缩氧气接触可自燃。(　　)

115. 氧气是一种氧化剂同时又是还原剂。(　　)

116. 氧的化学性质活泼,除贵重金属——金、银、铂及卤素和惰性气体外,其他元素易和氧发生氧化反应生成氧化物。(　　)

117. 氧气能助燃,它与可燃气体按一定比例混合,成为可燃性的混合气体,一旦有火源或产生引爆条件,能引起爆炸。(　　)

118. 空气是一种无色、无嗅、无味的纯净物。(　　)

119. 空气易压缩,来源方便且使用安全,故常作为动力使用。(　　)

120. 空气在压力容器生产行业中用作气密性试验或气压试验的介质等。(　　)

121. 空气会使许多金属腐蚀主要是由于空气中的氧、水蒸气、二氧化碳等气体的共同作用而发生的复杂化学反应的结果。(　　)

122. 氮气在自然界中分布很广,在空气中占 68%。常温下氮气是无色、无味的气体。(　　)

123. 氮气对空气的比重为 0.97,其液态为无色液体。(　　)

124. 氮气固态为冰块状固体。(　　)

125. 氮气常温下,化学性质不活泼,也是一种窒息性气体。(　　)

126. 在含氮量高的场合人会因缺氧而造成窒息或死亡。(　　)

127. 氢气是无色、无嗅、无味和无毒的易燃气体。(　　)

128. 氢气同氮气、氩气、甲烷等气体一样,都是窒息气,可使肺缺氧。(　　)

129. 氢的分子量为4,是最轻的气体。( )
130. 氢气对金属材料具有一定的破坏作用。( )
131. 氢是易燃易爆气体,氢的着火、燃烧、爆炸性能是其主要特性。( )
132. 氢的燃烧性能很普通。( )
133. 氢气在空气、氧气中的爆炸范围很宽。( )
134. 在氢气的使用中应该采取措施,尽量减少和防止产生静电及产生火源的条件。( )
135. 氢气不能直接与某些气体化合而生成有毒物质或爆炸。( )
136. 氦(He)、氖(Ne)、氩(Ar)、氪(Kr)、氙(Xe)、氡(Rn)等气体均为惰性气体。( )
137. 惰性气体化学性质极不活跃,很难和其他元素发生反应。( )
138. 惰性气体在空气中含量为2%左右。( )
139. 一氧化碳是一种毒性很强的无色易燃气体。( )
140. 一氧化碳在空气中的爆炸极限为12.5%~85%。( )
141. 在日光作用下,一氧化碳与氯气能化合生成光气。( )
142. 一氧化碳的毒性很大。( )
143. 一氧化碳对人体的危害很不容易觉察,故在与一氧化碳的接触中必须引起注意。( )
144. 一氧化碳在空气中最高容许浓度为60 mg/m^3。( )
145. 甲烷是碳氢化合物的一种。( )
146. 甲烷是无色、无嗅的易燃气体。( )
147. 二氧化碳又称碳酸气,也叫碳酸酐。( )
148. 二氧化碳为无色、无嗅、有酸味的无毒性的窒息性气体。( )
149. 二氧化碳溶于水生成碳酸。( )
150. 二氧化碳能不压缩成液体。( )
151. 二氧化碳固态时称为"干冰"。( )
152. 二氧化碳在常温下的化学性质稳定,不会分解,也不与其他物质反应。( )
153. 二氧化碳在空气中如果浓度较高时,会造成人的缺氧窒息。( )
154. 注意液态二氧化碳超装很容易造成容器或气瓶的爆炸,因为液态二氧化碳的膨胀系数较小。( )
155. 氯气是一种黄绿色带有刺激性嗅味且毒性强的气体。( )
156. 氯气的液态为黄绿色透明的液体。( )
157. 氯是一种助燃剂,某些物质在氯气中燃烧能放出有毒的黄烟和黑烟。( )
158. 氯的化学性质非常活泼,是一种强氧化剂,容易和其他化学元素结合生成氯化物。( )
159. 氯的用途十分广泛,如:自来水、游泳池用水的消毒;造纸工业及纺织业的漂白等。( )
160. 氯对人的呼吸道和皮肤以及人体其他器官伤害很小。( )
161. 氨是一种无色、有刺激性臭味的有毒气体。( )
162. 氨在空气中爆炸极限为15%~38%。( )

163. 皮肤接触液氨,会引起化学性灼伤,使皮肤红肿、起疮糜烂。(　　)
164. 二氧化硫又称亚硫酸酐,是无色、有刺激性的气体。(　　)
165. 液态二氧化硫是良好的有机溶剂,用于精制各种润滑油,并用作冷冻剂等。(　　)
166. 液化石油气是由丙烷、丙烯、正丁烷、异丁烷等为主要成分组成的纯净物。(　　)
167. 液化石油气是一种易燃介质,气态时比空气重。其密度为空气的1.5～2倍。(　　)
168. 丙烷的分子式是C_3H_6。(　　)
169. 乙炔又称电石气,为无色气体。(　　)
170. 纯乙炔无臭、无毒,是单纯的窒息性气体。(　　)
171. 工业乙炔常因含有杂质而具有特殊的臭味。(　　)
172. 工业乙炔杂质中的硫、磷及氰化物含量较多时能引起中毒或其他病症。(　　)
173. 乙炔是目前多种溶解气体之一。(　　)
174. 乙炔爆炸极限在空气中为10%～81%。(　　)
175. 乙炔是一种重要的化工原料。(　　)
176. 乙炔广泛用于金属的焊接、切割、加热等。(　　)
177. 不同的气体临界温度、临界压力和临界密度不同。(　　)
178. 充气单位应负责妥善保管气瓶充装记录,保存时间不应少于1年。(　　)
179. 盛装惰性气体的气瓶,每5年检验一次。(　　)
180. 盛装腐蚀性气体的气瓶每2年检验一次。(　　)

五、简 答 题

1. 什么是分子?
2. 什么是元素?
3. 什么是左视图?
4. 什么是质量?
5. 什么是比体积?
6. 什么是密度?
7. 什么是汽化?
8. 汽化有哪两种方式?
9. 决定压强大小的因素有哪些?
10. 什么是蒸发?
11. 什么是沸腾?
12. 什么是液化?
13. 什么是凝固?
14. 什么是升华?
15. 什么是熔化?
16. 什么是熔点?
17. 什么是相变?
18. 什么是相平衡?
19. 相平衡取决于什么?

20. 什么是临界压力?
21. 什么是临界密度?
22. 什么是玻马定律?
23. 什么是查理定律?
24. 什么是盖吕萨克定律?
25. 什么是理想气体状态方程?
26. 什么是理想气体?
27. 什么是特种设备?
28. 气瓶的定义是什么?
29. 临界温度的性质是什么?
30. 什么是压缩气体?
31. 什么是永久气体?
32. 什么是高压液化气体?
33. 什么是液化气体?
34. 什么是低压液化气体?
35. 什么是溶解气体?
36. 什么是吸附气体?
37. 什么是瓶装气体?
38. 什么是可燃性气体?
39. 什么是自燃气体?
40. 什么是氧化性气体?
41. 什么是非可燃性气体?
42. 什么是毒性气体?
43. 什么是惰性气体?
44. 什么是腐蚀性气体?
45. 什么是特种气体?
46. 什么是单一气体?
47. 什么是混合气体?
48. 什么是呼吸气体?
49. 什么是医用气体?
50. 什么是主视图?
51. 什么是俯视图?
52. 永久气体的特点是什么?
53. 瓶装压缩气体分为哪几类?
54. 什么是燃烧?
55. 燃烧三要素是什么?
56. 燃烧与爆炸的共同点是什么?
57. 燃烧与爆炸的不同点是什么?
58. 爆炸分为哪两种?

59. 什么是化学性爆炸?
60. 什么是物理性爆炸?
61. 什么是燃烧热?
62. 可燃性气体分为哪三类?
63. 什么是瓶帽?
64. 什么是瓶阀?
65. 瓶帽有哪两种?
66. 瓶阀的种类有哪些?
67. 气瓶的主要附件有哪些?
68. 什么是色环?
69. 丙烷站内装置阀门出现冰冻怎么办?
70. 当不能制止丙烷气瓶阀门泄漏时,怎么办?

六、综 合 题

1. 阐述我国气体与气瓶行业中,常见的压力单位及单位符号。
2. 什么是物质的三态,其主要区别是什么?
3. 什么叫瓶装气体的腐蚀性?
4. 极限强度是指金属材料抵抗外力破坏作用的能力,强度按外力作用形式分为哪几种?
5. 什么是焊接工艺评价?
6. 气瓶从结构、材质、用途、制造方法上如何分类?
7. 气瓶从承受压力、使用要求、形状上如何分类?
8. 气瓶附件指的什么? 各有什么作用?
9. 对气瓶的瓶阀有哪些要求?
10. 焊接气瓶有哪些常见的焊接缺陷?
11. 气体充装前,为什么要对待充气瓶进行检查?
12. 气体充装前基本检查的内容和项目有哪些?
13. 永久气体液态贮运的优点是什么?
14. 液化气体过量充装有什么危险?
15. 溶解乙炔充装的原理是什么?
16. 乙炔在充装过程中为什么要对气瓶喷淋冷却水?
17. 钢质无缝气瓶、钢质焊接气瓶的定期检验期限是怎么样规定的?
18. 液化石油气钢瓶的定期检验期限是怎么样规定的?
19. 液化石油气钢瓶定期检验前的准备工作及定期检验的项目有哪些?
20. 溶解乙炔气瓶在外观检验过程中的判废条件有哪些?
21. 气瓶定期检验中,水压试验的合格标准是什么?
22. 事故调查分析的步骤是什么?
23. 已知一气瓶的温度为 20 ℃,将其换算成华氏温度是多少?
24. 已知一气瓶的温度为 86 华氏温度,将其换算成摄氏温度是多少?
25. 已知一只 40 L 的氧气瓶,公称工作压力为 15 MPa,试将该值换算成标准大气压是多少?

26. 请用理想气体状态方程式计算 40 L 气瓶在 15 MPa 下，可充装常压氮气多少 m^3。

27. 已知白炽灯泡上标明 220 V，25 W，求这只灯泡里钨丝的电阻有多大？

28. 一个 40 L 的氮气瓶，充满压力为 14.9 MPa，温度为 37 ℃，问当压力降至 14.4 MPa 时，瓶内气体的温度为多少？

29. 接在电路中的某一电阻 R 上的电压为 12 V，其中电流 I 为 4 mA，问此电阻为多少欧姆？

30. 我们常说的 10 寸活扳手上刻着 250 mm，这是怎么换算出来的？

31. 在一个电路中，电压为 220 V，电阻为 1 100 Ω，求通过这只电阻的电流有多大？

32. 今测得空压机吸气腔的真空度为 $P_{真空} = 176.8\ mmH_2O$，当时的大气压为 $P_{大气} =$ 735mmHg，问吸气腔的实际(绝对)压力 $P_{绝}$ 是多少？

33. 一个容积为 40 L 的氧气瓶，充满压力为 13.5 MPa(表压)时的温度为 27 ℃，问当压力降至 13 MPa 时瓶内气体的温度为多少？

34. 补俯视图，如图 1 所示。

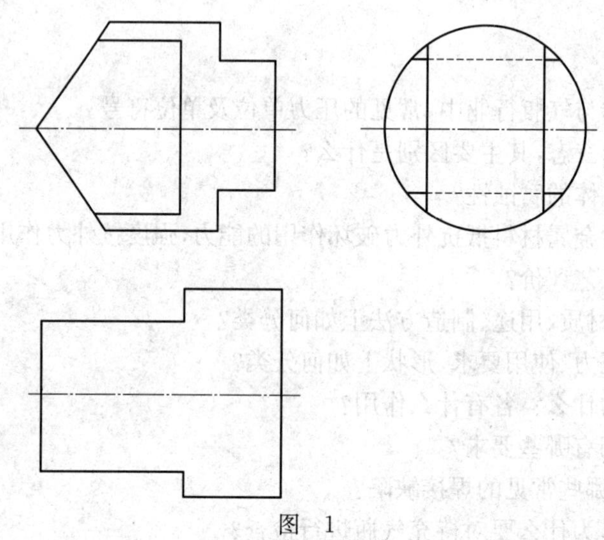

图　1

35. 根据立体图画左视图，如图 2 所示。

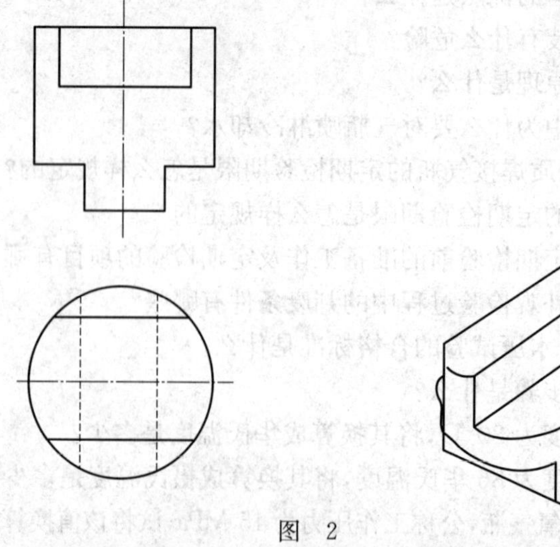

图　2

气体深冷分离工(中级工)答案

一、填空题

1. 物质	2. 双原子	3. 分子式	4. 撞击
5. 密度	6. 平均动能	7. 摄氏温标	8. 作用力
9. 千克	10. 压缩气体	11. 侵蚀	12. 用途
13. 规定限量	14. 两种	15. 呼吸器	16. 医疗
17. 合格	18. 安全可靠	19. 侧面	20. 摩擦热
21. 燃烧爆炸	22. 螺纹	23. 氧气	24. 禁止
25. 瓶体温度	26. 温度	27. 敲击	28. 关闭
29. 充装气体	30. 不锈钢管	31. 接地装置	32. 火源
33. 动火证	34. 油脂	35. 接触	36. 阀口
37. 可燃物	38. 棉手套	39. 面罩	40. 泄漏
41. 油脂	42. 静电效应	43. 明火	44. 15 分钟
45. 氧含量	46. 18%	47. 检测	48. 干加热
49. 冻伤	50. 可燃物质	51. 燃烧	52. 氧化速度
53. 混合	54. 爆炸	55. 燃烧热	56. 火焰
57. 爆炸	58. 物理性	59. 能量	60. 破裂
61. 易燃气体	62. −10	63. 70	64. 吸附剂
65. 压缩	66. 受热	67. 维持	68. 空气
69. 不燃烧	70. 损伤	71. 压力	72. 危险性
73. 危险度	74. 78.03%	75. 爆炸下限	76. 爆炸范围
77. 燃点	78. 密度	79. 毒物	80. 瓶帽
81. 瓶阀	82. 两个	83. 灰口铸铁	84. 互换性
85. 5%	86. 拆卸式	87. 固定式	88. 拆卸式
89. 紧固作用	90. 紧固螺栓	91. 瓶阀	92. 贮运
93. 控制	94. 品质	95. 标准	96. 结构
97. 无油脂	98. 阻燃	99. 爆破压力	100. 5%
101. 合格证	102. 橡胶圈	103. 直接撞击	104. 压力容器
105. 抛、滑、滚、碰	106. 隐患	107. 漆色	108. 磨损
109. 25 mm	110. 端部	111. 6 mm	112. 颜色
113. 种类	114. 锈蚀	115. 仿宋字	116. 近火
117. 公称工作压力	118. 质量	119. 检验	120. 检验年份
121. 椭圆形	122. 循环周期	123. 复合	124. 适应性

125. 拉力	126. 压力	127. 弯曲	128. 剪切
129. 限定充装	130. 允许	131. 承受	132. 静压强度
133. 屈服	134. 爆破	135. 充装	136. 使用温度
137. 实际容积	138. 最大	139. 气体质量	140. 气相空间
141. 实际质量	142. 充填量	143. 充装	144. 执照
145. 自有产权	146. 管理制度	147. 工程师	148. 专业技术
149. 安全员	150. 一级	151. 泄压	152. 防静电
153. 防爆墙	154. 2 m	155. 从事	156. 4 年
157. 有效期	158. 稳定	159. 特种设备	160. 持证作业
161. 使用	162. 安全技术	163. 压强	164. 钢质
165. 使用范围	166. 降低	167. 社会效益	168. 残留
169. 输送	170. 汽化	171. 汇流排	172. 装置
173. 结构	174. 暴晒	175. 百分比	

二、单项选择题

1. A	2. B	3. C	4. D	5. B	6. A	7. B	8. C	9. D
10. C	11. A	12. C	13. B	14. C	15. A	16. C	17. A	18. B
19. C	20. D	21. D	22. C	23. B	24. B	25. C	26. C	27. C
28. A	29. A	30. A	31. D	32. C	33. D	34. C	35. A	36. B
37. C	38. B	39. D	40. D	41. B	42. C	43. A	44. B	45. A
46. B	47. A	48. B	49. D	50. B	51. C	52. C	53. C	54. B
55. C	56. A	57. A	58. B	59. A	60. D	61. A	62. B	63. A
64. A	65. C	66. B	67. C	68. A	69. D	70. A	71. C	72. A
73. A	74. C	75. A	76. D	77. A	78. B	79. D	80. D	81. B
82. A	83. B	84. C	85. D	86. C	87. A	88. D	89. A	90. D
91. C	92. A	93. C	94. B	95. A	96. D	97. D	98. D	99. A
100. B	101. C	102. D	103. B	104. D	105. A	106. C	107. C	108. A
109. A	110. D	111. C	112. B	113. D	114. D	115. A	116. C	117. A
118. B	119. C	120. A	121. A	122. A	123. B	124. A	125. B	126. A
127. D	128. D	129. A	130. C	131. C	132. B	133. D	134. A	135. C
136. B	137. D	138. C	139. C	140. B	141. C	142. D	143. A	144. B
145. B	146. D	147. B	148. D	149. B	150. A	151. C	152. B	153. D
154. C	155. C	156. A	157. C	158. C	159. B	160. C	161. B	162. B
163. A	164. D	165. D	166. C	167. A	168. D	169. B	170. C	171. A
172. A	173. B	174. A	175. C					

三、多项选择题

1. BC	2. ABCD	3. ABC	4. AB	5. ABC	6. ABC	7. CD
8. BCD	9. ABD	10. BCD	11. ABD	12. AB	13. ABC	14. AB

15. AD 16. AB 17. ABD 18. AD 19. AB 20. ABC 21. ACD
22. AB 23. ABC 24. ABCD 25. BCD 26. ABCD 27. ABCD 28. AB
29. BCD 30. ACD 31. ABD 32. ABD 33. ABC 34. ABCD 35. ABC
36. ABC 37. ACD 38. ABD 39. AC 40. AD 41. AC 42. BC
43. BCD 44. BC 45. ABC 46. AC 47. ACD 48. CD 49. BD
50. BCD 51. ACD 52. BD 53. BCD 54. BCD 55. ABC 56. ACD
57. BC 58. CD 59. BD 60. BC 61. BD 62. AC 63. BD
64. BCD 65. BD 66. BC 67. CD 68. BCD 69. BC 70. BD
71. ACD 72. AC 73. BCD 74. ABC 75. ABD 76. BCD 77. CD
78. BD 79. BC 80. BC 81. BCD 82. CD 83. AD 84. CD
85. BCD 86. BD 87. BC 88. AB 89. BC 90. AD 91. BCD
92. CD 93. AB 94. BCD 95. AD 96. BD 97. ACD 98. ABC
99. BD 100. BD 101. AC 102. ACD 103. BCD 104. ABD 105. AC
106. BC 107. BCD 108. BC 109. CD 110. CD 111. BCD 112. ACD
113. BCD 114. BCD 115. BC 116. BC 117. BC 118. ABD 119. CD
120. BCD 121. BC 122. BCD 123. ABC 124. ABC 125. BC 126. BC
127. ACD 128. BCD 129. BCD 130. ABD 131. BCD 132. ACD 133. BCD
134. BD 135. ACD 136. ABC 137. ABC 138. BD 139. ACD 140. AD
141. ABCD 142. ACD 143. ABD 144. ABC 145. ACD 146. BCD 147. ACD
148. AC 149. ABCD 150. ABC 151. ABCD 152. ABCD 153. ABD 154. ABCD
155. AD 156. AC 157. ABCD 158. ABD 159. AB 160. ACD 161. ABCD
162. AC 163. ABC 164. BCD 165. ABC

四、判 断 题

1. √ 2. √ 3. × 4. √ 5. √ 6. × 7. √ 8. √ 9. √
10. × 11. × 12. × 13. √ 14. √ 15. × 16. √ 17. √ 18. √
19. × 20. √ 21. √ 22. × 23. √ 24. √ 25. √ 26. √ 27. √
28. × 29. √ 30. √ 31. × 32. √ 33. √ 34. √ 35. √ 36. ×
37. √ 38. √ 39. × 40. × 41. √ 42. √ 43. √ 44. × 45. √
46. √ 47. √ 48. √ 49. √ 50. √ 51. × 52. √ 53. √ 54. √
55. × 56. √ 57. √ 58. √ 59. √ 60. √ 61. × 62. √ 63. √
64. × 65. √ 66. √ 67. √ 68. √ 69. × 70. × 71. √ 72. √
73. × 74. √ 75. × 76. √ 77. √ 78. × 79. √ 80. √ 81. ×
82. √ 83. √ 84. √ 85. √ 86. √ 87. × 88. √ 89. √ 90. ×
91. √ 92. √ 93. √ 94. × 95. √ 96. √ 97. √ 98. √ 99. ×
100. √ 101. × 102. √ 103. √ 104. √ 105. × 106. √ 107. √ 108. ×
109. √ 110. √ 111. √ 112. √ 113. √ 114. √ 115. × 116. √ 117. √
118. × 119. √ 120. √ 121. √ 122. × 123. √ 124. × 125. √ 126. √
127. √ 128. √ 129. × 130. √ 131. √ 132. × 133. √ 134. √ 135. ×

136. √	137. √	138. ×	139. √	140. ×	141. √	142. √	143. √	144. ×
145. √	146. √	147. √	148. √	149. √	150. ×	151. √	152. √	153. √
154. ×	155. √	156. √	157. √	158. √	159. √	160. ×	161. √	162. ×
163. √	164. √	165. √	166. ×	167. √	168. ×	169. √	170. √	171. √
172. √	173. ×	174. ×	175. √	176. √	177. √	178. ×	179. √	180. √

五、简 答 题(每题5分)

1. 答:构成物质(2分)且保持这种物质性质的最小微粒叫分子(3分)。

2. 答:在化学中(2分),把性质相同的同一类原子叫做元素(3分)。

3. 答:由左向右把机件向侧面作投影所得的图形(2分),称为左视图(3分)。

4. 答:质量是表示物质多少(2分)的物理量(3分)。

5. 答:比体积是单位质量(2分)占有的体积(3分)。

6. 答:密度是指单位体积(2分)的物质具有的质量(3分)。

7. 答:物质从液态变成(2分)气态的过程叫汽化(3分)。

8. 答:汽化一般有两种(2分):一是蒸发,二是沸腾(3分)。

9. 答:决定压强大小的因素有两个(2分):一是气体压缩程度,二是它的温度(3分)。

10. 答:液体表面(2分)的汽化现象叫蒸发(3分)。

11. 答:液体从内部和表面同时汽化(2分)的现象叫沸腾(3分)。

12. 答:物质从气态变为液态(2分)的过程叫液化 (3分)。

13. 答:物质从液态变为固态(2分)的过程叫凝固(3分)。

14. 答:物质从固态不经液态(2分)直接变为气态的过程叫升华(3分)。

15. 答:物质从固态变成液态(2分)的过程称为熔化(3分)。

16. 答:物质开始熔化(2分)的温度叫熔点(3分)。

17. 答:物质形态(2分)的改变称为相变(3分)。

18. 答:在相变过程中,物质要通过两相之间的界面(2分),从一个相迁移到两个相中去,当宏观上物质的迁移停止时,就称为相平衡(3分)。

19. 答:物质的相平衡状态(2分)取决于温度和压力(3分)。

20. 答:气体在临界温度下(2分),使其液化所需要的最小压力称为临界压力(3分)。

21. 答:气体在临界温度和临界压力下(2分)的密度称为临界密度(3分)。

22. 答:温度不变时(2分),一定质量的气体的压强跟它的体积成反比,这就是波马定律(3分)。

23. 答:一定质量的气体若体积不变(2分),则其压强与热力学温度成正比,这就是查理定律(3分)。

24. 答:压强不变时(2分),一定质量的气体的体积跟热力学温度成正比,这就是盖吕萨克定律(3分)。

25. 答:一定质量的理想气体,其压强和体积的乘积(2分)与热力学温度的比值是一个常数,这就是理想气体状态方程(3分)。

26. 答:严格遵从玻马定律、查理定律、盖吕萨克定律的气体称为理想气体(5分)。

27. 答:特种设备是指涉及生命安全、危险性较大的锅炉、压力容器、压力管道、电梯、起重机械、客运索道、大型游乐设施和厂内机动车辆(5分)。

28. 答:盛装公称工作压力大于或者等于0.2 MPa表压且压力与容积的乘积大于或者等于1.0 MPa的气体(2分)、液化气体和标准沸点等于或者低于60 ℃液体的气瓶(3分)。

29. 答:气体的临界温度越高,就越容易液化(2分),气体的温度比其临界温度越低,液化所需要压力越小(3分)。

30. 答:压缩气体是永久气体、液化气体和溶解气体的统称(5分)。

31. 答:永久气体是临界温度(2分)小于−10 ℃的气体(3分)。

32. 答:液化气体是临界温度等于或大于−10 ℃的气体(2分),是高压液化气体和低压液化气体的统称(3分)。

33. 答:高压液化气体是临界温度等于或大于−10 ℃(2分),且等于或小于70 ℃的气体(3分)。

34. 答:低压液化气体是临界温度(2分)大于70 ℃的气体(3分)。

35. 答:溶解气体是在压力下(2分)溶解于瓶内溶剂中的气体(3分)。

36. 答:吸附气体是吸附于气瓶内吸附剂中的气体(2分)。这是一种以固态形式替代压缩状态或深冷液化状态形式储运的气体,目前只有氢气一种(3分)。

37. 答:瓶装气体是以压缩、液化、溶解、吸附形式装瓶储运的气体(5分)。

38. 答:凡遇火、受热或与氧化性气体接触(2分)能燃烧或爆炸的气体,统称为可燃性气体(3分)。

39. 答:自燃气体是在低于100 ℃(2分)与空气或氧化性气体接触即能自发燃烧的气体(3分)。

40. 答:氧化性气体是自身不燃烧(2分),但能帮助和维持燃烧的气体,也称助燃性气体(3分)。

41. 答:非可燃性气体是自身不燃烧(2分)也不能帮助和维持燃烧的气体(3分)。

42. 答:凡能引起人体正常功能损伤(2分)的气体称为毒性气体(3分)。

43. 答:惰性气体是在正常温度或压力下与其他物质无反应的气体(2分),也称窒息性气体(3分)。

44. 答:腐蚀性气体是能侵蚀金属或组织(2分),或在有水的情况下能发生侵蚀的气体(3分)。

45. 答:特种气体是为满足特定用途(2分)的气体(3分)。

46. 答:单一气体是其他组分含量(2分)不超过规定限量的气体(3分)。

47. 答:混合气体是含有两种或两种以上有效成分(2分),或虽属非有效成分但其含量超过规定限量的气体(3分)。

48. 答:呼吸气体是借助呼吸器(2分)呼吸的气体(3分)。

49. 答:用于治疗、诊断(2分)、预防等医疗用气体(3分)。

50. 答:由前向后把机件向正面作投影(2分)所得的图形,称为主视图(3分)。

51. 答:由上向下把机件向水平面作投影(2分)所得的图形,称为俯视图(3分)。

52. 答:永久气体在充装时以及在允许的工作温度下(2分)储运和使用过程中均为气态(3分)。

53. 答:瓶装压缩气体分为三大类:永久气体、液化气体和溶解气体(5分)。

54. 答:当氧化过程迅速进行,产生的热量使物质和周围空气的温度急剧升高(2分),并且产生光亮和火焰,这种剧烈的氧化现象便是燃烧(3分)。

55. 答:燃烧三要素是可燃物质、助燃物、火源(5分)。

56. 答:燃烧和爆炸本质上(2分)都是可燃物质的氧化反应(3分)。

57. 答:不同点一是氧化速度不同(2分),二是可燃物和助燃物混合的均匀程度不同(3分)。

58. 答:爆炸分为化学性爆炸(2分)和物理性爆炸两种(3分)。

59. 答:由于工作介质产生化学反应而放出强大的能量(2分)的现象称化学性爆炸(3分)。

60. 答:由于盛装容器本身承受不了容器内压力而破裂(2分)的物理现象称为物理爆炸(3分)。

61. 答:物质与氧起化学反应的结果是生成新的物质并产生热量(2分),这种热量叫燃烧热(3分)。

62. 答:可燃性气体分为自燃气体、可燃气体和易燃气体三类(5分)。

63. 答:保护瓶阀用的帽罩式(2分)安全附件的统称叫瓶帽(3分)。

64. 答:瓶阀是气瓶的主要附件(2分),它是控制气体进出的一种装置(3分)。

65. 答:瓶帽一般有拆卸式(2分)和固定式两种(3分)。

66. 答:瓶阀有销片式、套筒式、钩轴式、针形式、隔膜式和珠压式等种类(5分)。

67. 答:气瓶的附件主要有瓶帽、瓶阀、易熔塞和防震圈(3分)。

68. 答:色环是区别充装同一介质(2分),但具有不同工程工作压力的气瓶标记(3分)。

69. 答:丙烷站内各种装置、阀门等如出现冰冻情况,严禁用火烤(2分),只许用蒸汽、热水清除(3分)。

70. 答:当不能制止丙烷气瓶阀门泄漏时(2分),应把瓶体移至室外安全地带让其逸出,直到瓶内气体排尽为止(3分)。

六、综 合 题(每题10分)

1. 答:(1)标准大气压:标准大气压又称物理大气压。单位符号为"atm"(5分)。

(2)工程大气压:工程大气压又称工制大气压。单位符号为"at"(5分)。

2. 答:物质三态是气态、液态、固态。同一种物质的三态的化学性质是相同的,只是物理状态不同(5分)。主要区别在于分子间的距离不一样。气体分子间的距离越大,液体分子间的距离次之,固态分子互相排在一起,距离最小(5分)。

3. 答:瓶装气体的腐蚀性,主要是指装瓶后的气体在一定的条件下,对气瓶内壁的侵蚀作用(5分),使气瓶的瓶壁减薄或产生裂纹,造成气瓶的强度下降以致发生气瓶的爆炸事故(5分)。

4. 答:(1)抗拉强度,指外力是拉力时的极限强度(2分)。

(2)抗压强度,指外力是压力时的极限强度(2分)。

(3)抗弯强度,指外力与材料轴线垂直,并在作用后使材料呈弯曲时的极限强度(3分)。

(4)抗剪强度,指外力与材料轴线垂直,并在材料呈剪切作用时的极限强度(3分)。

5. 答:用拟定焊接工艺,按标准的规定来焊接试件,检验试样,测定焊接接头性能是否满足设计要求(5分)。若能满足设计要求,则以此写出焊接工艺评定报告,并制定焊接工艺规程,作为焊接生产的依据(5分)。

6. 答:(1)从结构上分类分为无缝气瓶、焊接气瓶(2 分);

(2)从材质上分类分为钢质气瓶、铝合金气瓶、复合气瓶及其他材料气瓶(2 分);

(3)从用途上分类分为永久气体气瓶、液化气体气瓶、溶解乙炔气瓶(3 分);

(4)从制造方法上分类分为冲拔拉伸气瓶、管子收口气瓶、冲压拉伸气瓶、焊接气瓶、绕丝气瓶(3 分)。

7. 答:(1)从承受压力上分为高压气瓶和低压气瓶(3 分);

(2)从使用要求上分类分为一般气瓶、特殊气瓶(3 分);

(3)从形状上分类分为瓶形气瓶、桶形气瓶、球形气瓶、葫芦形气瓶(4 分)。

8. 答:气瓶附件是指瓶帽、瓶阀、易熔合金塞和防震圈。

(1)瓶帽的作用是避免气瓶在搬运和使用过程中,由于碰撞而损伤瓶阀,甚至造成瓶阀飞出、气瓶爆炸等严重事故(2 分)。

(2)瓶阀的作用是控制气体进出(2 分)。

(3)易熔合金塞的作用是当气瓶受到外界热源的影响,使瓶内气体压力骤然升高时,由于温度的影响,易熔合金被熔化,瓶内气体即可从泄放装置的小孔排出瓶外,从而防止因超压而爆炸(3 分)。

(4)防震圈主要作用是使气瓶免受直接冲撞(3 分)。

9. 答:(1)瓶阀材料应不与瓶内盛装气体发生化学反应,也不允许影响气体的品质(1 分)。

(2)瓶阀上与气瓶连接的螺纹,必须与瓶口内螺纹相匹配,并应符合相应标准的规定。瓶阀出气口的结构,应能有效地防止气体错装、错用(1 分)。

(3)氧气和强氧化性气体气瓶的瓶阀,密封材料必须采用无油脂的阻燃材料(1 分)。

(4)液化石油气瓶阀的手轮材料,应具有阻燃性能(1 分)。

(5)瓶阀阀体上如装有爆破片,其爆破压力应略高于瓶内气体的最高温升压力(2 分)。

(6)同一规格、型号的瓶阀,其重量允差不应超过 5%(2 分)。

(7)瓶阀出厂时,应逐只出具合格证(2 分)。

10. 答:焊接气瓶的常见焊接缺陷,主要有:

(1)表面缺陷:咬边、错边、焊瘤、凹瘤、表面气孔、表面裂纹(5 分)。

(2)内部缺陷:裂纹、未融合、未焊透、夹渣、气孔(5 分)。

11. 答:气体充装前必须对气瓶逐只进行认真检查,这是为了防止气瓶在充装过程中或在运输、储存、使用中(5 分),由于混装、错装、换装、误用报废瓶或超期服役瓶等原因而发生各种事故(5 分)。

12. 答:检查的基本内容与项目如下:

(1)气瓶是否是由国家锅炉压力容器安全监察机构批准持有制造许可证的制造厂所生产制造的产品(0.5 分)。

(2)进口气瓶必须由国家压力容器安全指定的检验单位经检验合格(0.5 分)。

(3)发现停用或需要复检的气瓶,应做出记号,转交气瓶定期检验站,按规定处理(1 分)。

(4)气瓶材质是否适应欲充装气体性质的要求(1 分)。

(5)盛装永久气体和高压液化气体的气瓶是否是焊接的结构形式(1 分)。

(6)在检查中还要特别注意用户自行改装的气瓶,有些用户由于缺乏气瓶安全使用知识,擅自改变瓶内充装介质。如不认真检查就有酿成事故的可能(1 分)。

(7)气瓶原始标志是否符合标准和规程的规定(1分)。

(8)气瓶是否在规定的定期检验有效期限内,其检验色标是否符合规定(1分)。

(9)检查气瓶原始标志或检验标志上标示的公称工作压力或水压试验压力(1分)。

(10)气瓶外表的颜色、字样、字色、色环等标志(1分)。

(11)气瓶安全附件是否齐全并符合技术要求(1分)。

13. 答:永久气体液态输送和气态充瓶输送比较,有如下优点:

(1)不需要数量较多的钢质无缝气瓶(1分)。

(2)不需要压缩机之类价格昂贵的设备(1分)。

(3)降低运输气体的成本(1分)。

(4)气体的质量提高(1分)。

(5)大幅度节约能源(2分)。

(6)储存、充装、运输和使用方便、经济(2分)。

(7)扩大了永久气体的使用范围(2分)。

14. 答:若充液过量,气瓶内气相容积不够,甚至消失(2分),气瓶达到"满液"(2分),这时如果温度升高(2分),致使液体无法膨胀,瓶内压力就会骤然增高(2分),超过液化气体正常温度下的饱和蒸汽压,直至气瓶爆破(2分)。

15. 答:乙炔是一种极不稳定的气体(2分),为便与安全充装、运输、储存和使用(2分),将乙炔气体在压力的条件下充装到浸渍有溶剂的多孔填料的钢瓶内(2分)。利用钢瓶内多孔填料的微孔结构去分散溶解于溶剂的乙炔(2分),以避免产生分解爆炸,加压的作用在于增加乙炔的充装量(2分)。

16. 答:乙炔在充装过程中对气瓶喷淋冷却水的目的除了冷却乙炔瓶(2分),防止充气超温引起乙炔分解外(2分),还可以防止静电产生(2分),提高最小点火能量(2分),加快乙炔在丙酮中的溶解速度(2分)。

17. 答:(1)钢质无缝气瓶定期检验的周期定为:盛装惰性气体的气瓶,每5年检验一次;盛装腐蚀性气体的气瓶、潜水气瓶以及常与海水接触的气瓶,每2年检验一次;盛装一般气体的气瓶,每3年检验一次(5分)。

(2)钢质焊接气瓶定期检验的周期定为:盛装一般气体的气瓶,每3年检验一次;盛装腐蚀性气体的气瓶,每2年检验一次(5分)。

18. 答:液化石油气钢瓶定期检验周期定为:对在用的YSP-0.5、YSP-2.0、YSP-5、YSP10、YSP15型钢瓶,自制造日期起,第一次至第三次检验的周期均为4年,第4次检验有效期为3年;(5分)对在用的YSP-50型钢瓶,每3年检验一次(5分)。

19. 答:(1)液化石油气钢瓶定期检验前的准备工作有接收受检瓶、残液残气回收、卸瓶阀、蒸汽吹扫、瓶内残气浓度测定(5分)。

(2)液化石油气钢瓶定期检验的项目包括外观检查、壁厚测定、容积测定、水压试验、瓶阀检验、气密性实验(5分)。

20. 答:经检测,如发现瓶体外观存在以下缺陷之一的,乙炔气瓶应予以报废:

(1)瓶壁有裂纹和鼓包,底座拼接焊逢开裂(1分)。

(2)瓶壁划伤处的实测剩余壁厚小于 0.8S(1 分)。

(3)瓶壁凹陷深处超过其短径的 1/10,或最大深度大于 6 mm(2 分)。

(4)瓶壁上深度小于 6 mm 的凹陷内划伤处的实测剩余壁厚小于 S(2 分)。

(5)瓶体烧损、变形、涂层烧毁,瓶阀或易熔合金塞上易熔合金融化(2 分)。

(6)点、线状腐蚀处的实测剩余壁厚小于 0.6S,大面积均与腐蚀处的实测剩余壁厚小于 0.8S(2 分)。

21. 答:气瓶在定期检验中,水压试验的合格标准是:

(1)气瓶在试验压力下,瓶体不得有宏观变形、渗漏(3 分)。

(2)压力表无回降现象(3 分)。

(3)高压气瓶的容积残余变形率不得超过 10%(4 分)。

22. 答:事故调查分析大体要经过如下步骤:

(1)组成事故调查组(2 分)。

(2)事故现场调查(2 分)。

(3)事故原因的初步判断(2 分)。

(4)专业组的调查分析(2 分)。

(5)分析结论(2 分)。

23. 解:若用 t 表示摄氏温度,t(°F)表示华氏温度

已知 $t=20$ ℃,根据换算公式 $t(°F)=9/5\times t+32$ (5 分)得:

$t(°F)=(9/5)\times 20+32=68(°F)$(5 分)

答:将其换算成华氏温度是 68 °F。

24. 解:若用 t 表示摄氏温度,t(°F)表示华氏温度

已知 $t(°F)=86$,根据换算公式 $t(°F)=9/5\times t+32$ (5 分)得:

$t=(t(°F)-32)\times(5/9)=(86-32)\times(5/9)=30$(℃)(5 分)

答:将其换算成摄氏温度是 30 ℃。

25. 解:已知公称工作压力为 15 MPa,又因为 1 atm =0.101 325 MPa(5 分)

所以换算成标准大气压为 15÷0.101 325=148.038 5(atm) (5 分)

答:将该值换算成标准大气压是 148.038 5 atm。

26. 解:一定质量的理想气体状态为 $P_1V_1/T_1=P_2V_2/T_2$

已知 $P_1=15+0.1=15.1$ MPa,$V_1=40$ L$=0.04$ m^3,假设充装过程中氮气温度不变,即 $T_1=T_2$,常压下氮气 $P_2=0.1$ MPa,因此可充装常压下氮气的体积:

$V_2=(P_1/P_2)\times V_1$(5 分)$=(15.1/0.1)\times 0.04=6.04$(m^3)(5 分)

答;40 L 气瓶在 15 MPa 下可充装 6.04 m^3 常压氮气。

27. 解:已知:$W=25$ W ,$U=220$ V

由 $W=U\times I$,$I=U/R$ (5 分)得:

$R=U\times U/W=220\times 220\div 25=1\,936(\Omega)$(5 分)

答:灯泡钨丝的电阻为 1 936 Ω。

28. 解:氮气瓶容积不变,并假设该气瓶不漏气,重量 G 不变,则有

$P/T=R$(常数),即 $P_1/T_1=P_2/T_2$

因为 $P_1=14.9+0.1=15$(MPa)　$T_1=37+273=310$(K)

$P_2=14.4+0.1=14.5$(MPa) (5 分)

所以 $T_2=P_2\times T_1/P_1=14.5\times310\div15\approx300(K)=300-273=27$ ℃(5 分)

答:瓶内气体的温度为 27 ℃。

29. 解:已知:$U=12$(V),$I=4\times1\div1\ 000$ (A)。

根据欧姆定律:$R=U/I$ (5 分)

则有 $R=U/I=12/(4\times0.001)=3\ 000(\Omega)$(5 分)

答:此电阻为 3 000 Ω。

30. 解:我们常说的 10 寸活扳手,实际上是 10 英寸,1 英寸=25.4 mm≈25 mm(5 分)

因此 10 寸活扳手总长=25 mm×10=250 mm(5 分),就是这样换算出来的。

31. 解:已知 $U=220$ V,$R=1\ 100\ \Omega$

根据 $I=U/R$ 得(5 分)

$I=U/R=220\div1\ 100=0.2$(A) (5 分)

答:通过这只电阻的电流有 0.2 A。

32. 解:已知:$P_{大气}=735$ mmHg

$P_{真空}=176.8$ mm$H_2O$$=176.8/13.6$ mmHg$=13$ mmHg(5 分)

$P_{绝}=P_{大气}-P_{真空}=735-13=722$ mmHg(5 分)

答:吸气腔的实际压力是 722 mmHg。

33. 解:氧气瓶的容积不变,并假定该氧气瓶不漏气,重量 G 不变,则有

$P/T=R$(常数)　即 $P_1/T_1=P_2/T_2$(5 分)

$(13.5+0.098)/(273+27)=(13+0.098)/T_2$

得 $T_2\approx289$ K

$t_2=T_2-273=289-273=16$(℃)(5 分)

答: 温度为 16 ℃。

34. 答:如图 1 所示(10 分)。

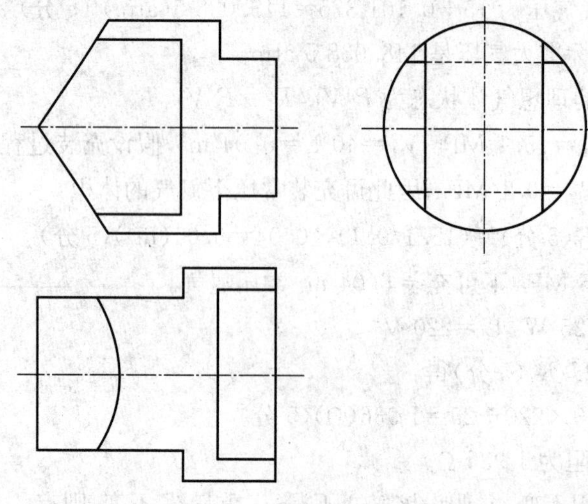

图　1

35. 答:如图 2 所示 (10 分)。

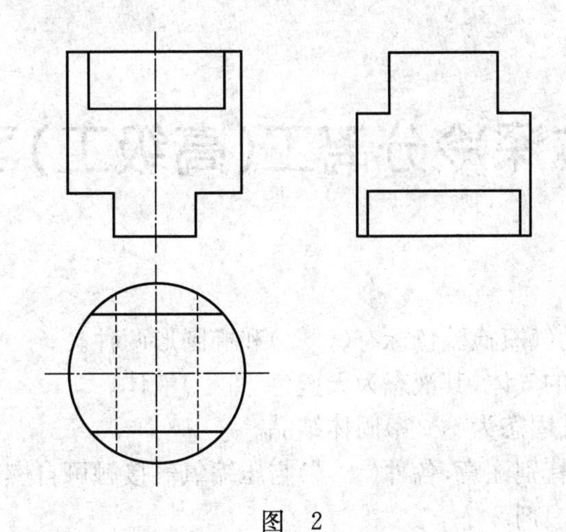

图 2

气体深冷分离工(高级工)习题

一、填 空 题

1. 公称容积 40 L 的气瓶检验色标有(　　)和椭圆形两种。

2. 氧气为无色无味的气体,其液态为天蓝色(　　)液体。

3. 氧气微溶于水,其固态为(　　)固体结晶。

4. 在使用氧气时要特别注意,各种(　　)与压缩氧气接触可自燃。

5. 氧气是一种(　　)剂。

6. 氧的化学性质活泼,除贵重金属——金、银、铂及卤素和惰性气体外,其他元素易和氧发生(　　)生成氧化物。

7. 氧气能助燃,它与可燃气体按一定比例混合,成为(　　)的混合气体,一旦有火源或产生引爆条件,能引起爆炸。

8. 空气是一种,无色、无嗅、无味的(　　)物。

9. 空气易(　　),来源方便且使用安全,故常作为动力使用。

10. 空气在压力容器生产行业中用作(　　)试验或气压试验的介质等。

11. 空气会使许多金属(　　)主要是由于空气中的氧、水蒸汽、二氧化碳等气体的共同作用而发生的复杂化学反应的结果。

12. 氮气在(　　)中分布很广,在空气中占 78%。常温下氮气是无色、无味的气体。

13. 氮气对空气的比重为(　　),其液态为无色液体。

14. 氮气固态为(　　)固体。

15. 氮气常温下,化学性质不活泼,也是一种(　　)气体。

16. 在含氮量高的场合人会(　　)因而造成窒息或死亡。

17. 氢气是无色、无嗅、无味和无毒的(　　)气体。

18. 氢气同氮气、(　　)、甲烷等气体一样,都是窒息气,可使肺缺氧。

19. 氢的分子量为(　　),是最轻的气体。

20. 氢气对金属材料具有一定的(　　)作用。

21. 氢是易燃易爆气体,氢的着火、燃烧、(　　)性能是其主要特性。

22. 氢的燃烧性能极好,氢氧火焰可达(　　)的高温。

23. 氢气在空气、氧气中的(　　)很宽。

24. 在氢气的使用中应该采取措施,尽量减少和防止产生(　　)及产生火源的条件。

25. 氢气能直接与某些气体化合而生成(　　)或爆炸。

26. 氦(He)、氖(Ne)、氩(Ar)、氪(Kr)、氙(Xe)、氡(Rn)等气体均为(　　)气体。

27. 惰性气体化学性质极不活跃,很难和其他(　　)发生反应。

28. 惰性气体在空气中含量为(　　)左右。

29. 一氧化碳是一种(　　)很强的无色易燃气体。

30. 一氧化碳在空气中的爆炸极限为12.5%～(　　)。

31. 在日光作用下,一氧化碳与(　　)能化合生成光气。

32. 一氧化碳的(　　)很大。

33. 一氧化碳对人体的危害很不容易觉察,故在与一氧化碳的(　　)中必须引起注意。

34. 一氧化碳在空气中最高容许浓度为(　　)。

35. 甲烷是(　　)化合物的一种。

36. 甲烷是无色、无嗅的(　　)气体。

37. 二氧化碳又称(　　),也叫碳酸酐。

38. 二氧化碳为无色、无嗅、有(　　)的无毒性的窒息性气体。

39. 二氧化碳溶于水生成(　　)。

40. 二氧化碳能(　　)成液体。

41. 二氧化碳固态时称为(　　)。

42. 二氧化碳在常温下的化学性质稳定,不会(　　),也不与其他物质反应。

43. 二氧化碳在空气中如果浓度较高时,会造成人的(　　)窒息。

44. 注意液态二氧化碳(　　)很容易造成容器或气瓶的爆炸,因为液态二氧化碳的膨胀系数较大。

45. 氯气是一种黄绿色带有(　　)嗅味且毒性强的气体。

46. 氯气的液态为(　　)透明的液体。

47. 氯是一种助燃剂,某些物质在氯气中(　　)能放出有毒的黄烟和黑烟。

48. 氯的化学性质非常活泼,是一种强(　　),容易和其他化学元素结合生成氯化物。

49. 氯的用途十分广泛,如:自来水、游泳池用水的(　　);造纸工业及纺织业的漂白等。

50. 氯对人的(　　)和皮肤以及人体其他器官伤害很大。

51. 氨是一种无色有刺激性臭味的(　　)气体。

52. 氨在空气中爆炸极限为15%～(　　)。

53. 皮肤接触液氨,会引起化学性(　　),使皮肤红肿、起疮糜烂。

54. 二氧化硫又称亚硫酸酐,是无色、有(　　)的气体。

55. 液态二氧化硫是良好的有机溶剂,用于精制各种润滑油,并用作(　　)等。

56. 液化石油气是由(　　)、丙烯、正丁烷、异丁烷等为主要成分组成的混合物。

57. 液化石油气是一种易燃介质,气态时比空气重。其密度为空气的(　　)倍。

58. 丙烷的分子式是(　　)。

59. 乙炔又称(　　),无色气体。

60. 纯乙炔无臭、无毒,是单纯的(　　)气体。

61. 工业乙炔常因含有(　　)而具有特殊的臭味。

62. 工业乙炔杂质中的硫、磷及氰化物含量较多时能引起(　　)或其他病症。

63. 乙炔是目前(　　)的溶解气体。

64. 乙炔爆炸极限在空气中为2.5%～(　　)。

65. 乙炔是一种重要的(　　)原料。

66. 乙炔广泛用于金属的焊接、(　　)、加热等。

67. 不同的气体临界温度、临界压力和临界(　　)不同。

68. 充气单位应负责妥善保管气瓶(　　)记录,保存时间不应少于 2 年。

69. 盛装(　　)气体的气瓶,每 5 年检验一次。

70. 盛装腐蚀性气体的气瓶、潜水气瓶以及常与(　　)接触的气瓶,每 2 年检验一次。

71. 特种设备的作业人员及其(　　)的管理人员统称特种设备作业人员。

72. 低温液体贮槽运行前需要检查各仪表是否在(　　)内,检查安全阀是否在校验期内,是否灵敏可靠。

73. 低温液体贮槽运行前检查连接(　　)是否有泄漏。

74. 低温液体贮槽运行前检查贮槽周围有无障碍物,有无易燃气体或(　　),如果有,必须立即清除。

75. 低温液体贮槽运行前检查阀门有无(　　)现象,开关是否灵活,否则,必须进行修理。

76. 低温液体贮槽需要定期(　　)接地电阻是否在规定范围内。

77. 低温液体贮槽首次加装液体前,必须进行(　　)处理。

78. 低温液体贮槽运行时配合液体泵启动前的准备工作,(　　)打开排液阀。

79. 低温液体贮槽运行时配合液体泵启动,开关对应阀门,保持管道内(　　)符合液体泵工作要求。

80. 用槽车为贮槽加液时,打开上(或下)进液阀门加液,加高纯液体时(高氮、氩等),需要(　　)加液管道。

81. 加液时,需要保持和(　　)贮槽内压力。

82. 每 1 小时巡回检查贮槽一次,检查贮槽内(　　)是否正常。

83. 随时检查贮槽内(　　)是否能满足生产,如不足时,及时向上级汇报。

84. 运行中检查各管路阀门是否有(　　)现象,如果有,立即报检修人员处理。

85. 运行中需要检查压力表和(　　)状态是否良好。

86. 低温液体贮槽虽然(　　)工作,但其内部还存有一定压力和液体。

87. 低温液体贮槽虽然停止工作,但不能拆卸连接部位和阀门,防止(　　)或气体伤害。

88. 有安全阀保护,低温液体贮槽压力也不可以(　　)其最高工作压力。

89. 低温液体贮槽压力接近其最高(　　)时就必须打开放空阀泄压。

90. 低温液体贮槽压力表、安全阀定期(　　),最少是一年一次。

91. 室外低温液体贮槽定期进行外观保养,避免出现(　　)现象。

92. 随时对低温液体贮槽出现的(　　)现象进行处理。

93. 随时对低温液体贮槽对损坏的阀门、(　　)等及时进行更换。

94. 贮槽真空度达不到使用要求时,必须由专业人员进行(　　)处理。

95. 必须按国家标准定期(　　)低温液体贮槽。

96. 修理低温液体贮槽管路或阀门时,要防止(　　)泄漏冻伤。

97. 修理低温液体贮槽管路或阀门时严禁使用(　　)作业,如必须使用电气焊维修作业,必须将槽内液体放净、压力表无压力。

98. 如果是修理氧贮槽要进行(　　)处理,由专业人员到场,制定好安全防范措施后再进行。

99. 低温液体泵运行前需要检查电器是否(　　)。

100. 低温液体泵运行前需要检查液体泵连接管路是否有(　　)。

101. 低温液体泵运行前检查周围有无障碍物、(　　),如果有,必须立即清除。

102. 低温液体泵运行前检查液体泵油位是否在(　　)位置。

103. 低温液体泵夏季加 N68(　　),冬季根据实际情况加防冻机油。

104. 低温液体泵运行前检查泵出口压力表、安全阀是否在(　　)内。

105. 低温液体泵运行前进行(　　)5～10 min。

106. 低温液体泵运行前需要盘车 2～3 转,看有无(　　)现象。

107. 低温液体泵启动前需要全开(　　)线上的排液阀。

108. 低温液体泵启动时先启动电机,打开泵的(　　)回气阀。

109. 低温液体泵启动时先将电机转速调到 300～500 r/min,(　　)泵的运转是否正常。

110. 低温液体泵启动时需要缓慢提高电机转速至(　　)转速。

111. 低温液体泵启动时需要检查活塞杆密封圈有无(　　)。

112. 低温液体泵启动时需要检查活塞杆上是否(　　)。

113. 低温液体泵的润滑点在(　　)。

114. 低温液体泵启动时需要检查各(　　)密封垫有无泄漏。

115. 低温液体泵启动一切正常后,将泵(　　)逐渐提高,达到所需流量。

116. 低温液体泵运行时电机转速最高不超过(　　)的最高转速。

117. 运行中需要听液体泵运转过程中的声音是否有(　　)。

118. 运行中需要查看液体泵各(　　)、接头、密封等处是否有泄漏。

119. 运行中需要查看液体泵 (　　)是否在 1/2～2/3 处。

120. 低温液体泵运行需要查看(　　)是否正常。

121. 低温液体泵运行需要查看电器运行是否(　　)。

122. 低温液体泵停机时注意操作顺序不能(　　),否则会损坏设备。

123. 易燃气体气瓶的首次充装或定期检验后的首次充装,未经置换或抽真空处理的,应事先进行妥善处理,否则(　　)充装。

124. 氧化或强氧化性气体气瓶沾有(　　)的应事先进行妥善处理,否则禁止充装。

125. 气瓶钢印标记、颜色标记不符合规定,对瓶内介质未(　　)的,应事先进行妥善处理,否则禁止充装。

126. 气瓶附件(　　)、不全或不符合规定的应事先进行妥善处理,否则禁止充装。

127. 气瓶瓶内无(　　)压力的可以禁止充装。

128. 气瓶超过(　　)的应事先进行妥善处理,否则禁止充装。

129. 气瓶经外观检查,存在明显(　　)、需要进一步检验的应事先进行妥善处理,否则禁止充装。

130. 氧气瓶阀修理前需要进行氧气瓶(　　),可直接拆卸修理。

131. 氧气瓶泄压时,(　　)不能对人。

132. 氧气瓶打开安全帽泄压时,(　　)方向不可以对人。

133. 氧气充装台压力表、安全阀必须定期校验,确保(　　)可靠。

134. 氧气充装台老化、损坏的充装(　　)必须及时更换。

135. 充氧管道着火时,直接切断(　　)比灭火更有效。

136. 工作前必须对化验室所有设备、装置、压力表、(　　)、卡具、电器、工具等进行安全检查。

137. 待化验样品气瓶必须有防(　　)措施。

138. 氩气分析仪准备工作是将氩气分析仪接通电源,加热炉温度达到(　　),分析电压升到 400 V 左右,启动电脑,达到正常状态连接好氩气瓶。

139. 露点仪准备工作是露点仪接通电源,先进行吹扫(　　),流速 600～800 mL/min。

140. 氧化锆分析仪准备工作是将氧化锆接通电源,炉温升到(　　),连接好氮气(或氩气)连接管。

141. 露点仪操作过程是调节(　　)的流速 350～400 mL/min,开大冷气降温,当要接近露点时,往回关冷气,保持每 2 秒跳 1 个尾数,待镜面出现哈气时,按下数显保持,记录下数值。做好相关记录,填写质量证明书。

142. 氧化锆操作过程是缓慢调整样品气(氮气或氩气),保持流量在 300～350 mL/min(氮、氩标线)。当数显表停止跳动时,即为(　　)值。

143. 气体分析过程中注意防止(　　)冻伤。

144. 分析完毕后样品气一定要及时关闭,防止对室内空气造成(　　)。

145. 分析设备属于(　　)仪器,必须专人进行操作与维护。

146. 必须经常更换分析设备损坏的(　　)和密封垫。

147. 化验员应熟悉并掌握化验设备的(　　)、安全常识等,并正确使用和保养。

148. 在取液氮、搬运液氮、倾倒液氮时必须用专用器皿并戴好防护镜和长皮手套,防止液氮(　　)及冻伤皮肤。

149. 搬运液态气体时应格外小心,要慢行,行程中应不断大声提示他人要远离自己(尤其是在门口及拐角处),注意防(　　)及与他人碰撞现象发生。

150. 倾倒液态气体时周围 2 m 内应无他人,在拿稳、拿住器皿前提下缓慢匀速进行倾倒,千万要防止(　　)飞溅或溢出而伤人现象发生。

151. 盛装液态气体的专用(　　)要有防倾倒措施。

152. 化验过程中,千万要防止液态气体溅到身体上,避免造成(　　)。

153. 在搬运气瓶过程中,严禁出现磕碰、摔、抛、滚等(　　)现象。

154. 化验员应注意不要将身体靠近(　　)设备,防止漏气烫伤。

155. 与工作无关的人员(　　)进入化验室。

156. 高浓度四氯化碳蒸气对黏膜有轻度刺激作用,对中枢神经系统有(　　)作用,对肝、肾有严重损害。

157. 吸入较高浓度四氯化碳蒸气,最初出现眼及上呼吸道刺激症状。随后可出现中枢神经系统(　　)和胃肠道症状。

158. 吸入较高浓度四氯化碳蒸气,较严重病例数小时或数天后出现(　　)肝肾损伤。重者甚至发生肝坏死、肝昏迷或急性肾功能衰竭。

159. 吸入极高浓度四氯化碳蒸气,可迅速出现昏迷、(　　),可因室颤和呼吸中枢麻痹而猝死。

160. 四氯化碳不会燃烧,但遇明火或高温易产生(　　)的光气和氯化氢烟雾。

161. 眼睛接触四氯化碳需要提起眼睑,用(　　)清水或生理盐水冲洗,就医。

162. 吸入四氯化碳需要迅速脱离现场至空气新鲜处,保持(　　)通畅。

163. 吸入四氯化碳如呼吸(　　),给输氧,如呼吸停止,立即进行人工呼吸,就医。

164. 不慎食入四氯化碳立即饮(　　)温水、催吐,就医、洗胃。

165. 四氯化碳在潮湿的空气中逐渐分解成(　　)和氯化氢。

166. 四氯化碳 (　　)的有害产物是光气和氯化物。

167. 四氯化碳灭火方法是消防人员必须佩戴(　　)防毒面具(全面罩)或隔离式呼吸器,穿全身防火防毒服,在上风向灭火。

168. 四氯化碳采用的灭火剂是(　　)、二氧化碳和砂土。

169. 四氯化碳泄漏应急处理方法是迅速(　　)泄漏污染区人员至安全区,并进行隔离,严格限制出入。

170. 四氯化碳泄漏应急处理人员应戴自给(　　)呼吸器,穿防毒服。

171. 四氯化碳泄漏应急处理人员不要直接(　　)泄漏物,尽可能切断泄漏源。

172. 四氯化碳小量泄漏处理方法是用(　　)或其他惰性材料吸收。

173. 四氯化碳大量泄漏处理方法是构筑(　　)或挖坑收容,喷雾状水冷却和稀释蒸汽,保护现场人员,但不要对泄漏点直接喷水,用泵转移至槽车或专用收集器内,回收或运至废物处理场所处置。

174. 四氯化碳操作注意事项是(　　)操作,加强通风。

175. 四氯化碳操作人员必须经过专门培训,严格(　　)操作规程。

176. 建议四氯化碳操作人员佩戴(　　)防毒面具(半面罩),戴安全护目境,穿防毒物渗透工作服,戴防化学品手套。

177. 工作中要防止四氯化碳蒸气(　　)到工作场所空气中。

178. 工作中四氯化碳蒸气要避免与(　　)、活性金属粉末接触。

179. 搬运时四氯化碳要轻装轻卸,防止包装及(　　)损坏。

180. 搬运时四氯化碳应配备泄漏应急处理设备,倒空的容器可能(　　)有害物。

181. 四氯化碳储存注意事项是储存于(　　)、通风的库房,远离火种、热源。

182. 四氯化碳库房温度不超过(　　),相对湿度不超过 80%。

183. 存储四氯化碳的容器要保持(　　),应与氧化剂、活性金属粉末、食用化学品分开存放,切忌混储。

184. 四氯化碳储存区应备有泄漏应急处理设备和合适的(　　)材料。

185. 四氯化碳监测方法是气相(　　)法。

186. 四氯化碳工程控制是生产过程密闭,加强(　　)。

187. 四氯化碳呼吸系统防护是空气中浓度超标时,应该佩戴直接式防毒面具(半面罩),紧急事态(　　)或撤离时,佩戴空气呼吸器。

188. 四氯化碳使用的眼睛防护是戴安全(　　)。

189. 四氯化碳使用的身体防护是穿防毒物(　　)工作服。

190. 四氯化碳使用的手防护是戴防(　　)手套。

191. 四氯化碳的性质是无色有特臭的透明液体,极易(　　)。

192. 四氯化碳相对于水的密度(水=1)为(　　)。

193. 四氯化碳的溶解性是微溶于水,易溶于多数(　　)。

194. 四氯化碳的主要用途是用于有机合成、制冷剂、(　　),亦作有机溶剂。

195. 四氯化碳的禁配物是活性(　　)、强氧化剂。

196. 四氯化碳废弃处置方法是用(　　)处置，与燃料混合后，再焚烧，焚烧炉排出的卤化氢通过酸洗涤器除去。

197. 皮肤接触四氯化碳需要脱去(　　)的衣着，用肥皂水和清水彻底冲洗皮肤，就医。

198. 水压试验压力是为检验气瓶(　　)强度所进行的以水为介质的耐压试验压力。

199. 爆破压力是气瓶(　　)过程中所达到的最高压力。

200. 屈服压力是气瓶在内压作用下，筒体材料开始沿(　　)全屈服时的压力。

二、单项选择题

1. 二氧化碳的分子量为(　　)。

(A)40　(B)44　(C)54　(D)64

2. 在标准状态下，二氧化碳的密度为(　　)。

(A)1.677 kg/m^3　(B)1.777 kg/m^3　(C)51.877 kg/m^3　(D)1.977 kg/m^3

3. 二氧化碳的熔点为(　　)。

(A)−56.57 ℃　(B)−57.57 ℃　(C)−58.57 ℃　(D)−59.57 ℃

4. 二氧化碳的沸点为(　　)。

(A)−78.2 ℃　(B)−78.3 ℃　(C)−78.4 ℃　(D)−78.5 ℃

5. 氨气极易溶于水，常温常压下，1体积水能溶解(　　)体积氨气。

(A)600　(B)700　(C)800　(D)900

6. 氨气的熔点为(　　)。

(A)−33.41 ℃　(B)−33.42 ℃　(C)−33.43 ℃　(D)−33.44 ℃

7. 氨气的熔点为(　　)。

(A)−75.74 ℃　(B)−76.74 ℃　(C)−77.74 ℃　(D)−78.74 ℃

8. 乙炔的分子量为(　　)。

(A)24　(B)26　(C)28　(D)30

9. 在标准状态下，乙炔的密度为(　　)。

(A)1.141 kg/m^3　(B)1.151 kg/m^3　(C)1.161 kg/m^3　(D)1.171 kg/m^3

10. 工业用四氯化碳一级品的纯度是(　　)。

(A)99.2%　(B)99.5%　(C)99.7%　(D)99.9%

11. 工业用四氯化碳二级品的纯度是(　　)。

(A)99%　(B)99.2%　(C)99.5%　(D)99.7%

12. 四氯化碳的熔点为(　　)。

(A)−22.2 ℃　(B)−22.4 ℃　(C)−22.6 ℃　(D)−22.8 ℃

13. 四氯化碳的沸点为(　　)。

(A)−76.2 ℃　(B)−76.4 ℃　(C)−76.6 ℃　(D)−76.8 ℃

14. 根据标准规定，气瓶最高温度定为(　　)。

(A)60 ℃　(B)70 ℃　(C)80 ℃　(D)90 ℃

15. 根据标准规定，气瓶的基准温度定为(　　)。

(A)10 ℃　(B)20 ℃　(C)30 ℃　(D)40 ℃

16. 热电阻测温元件一般应插入管道(　　)。
(A)越过中心线 5～10 mm　(B)5～15 mm
(C)30 mm　(D)任意长度
17. 台虎钳钳口与地面高度应是(　　)。
(A)站立时的腰部　(B)站立时的胸部　(C)站立时的肘部　(D)站立时的膝部
18. 利用锤击法进行轴承与孔配合时,则力要作用在(　　)上。
(A)外环　(B)轴承　(C)内环　(D)孔
19. 在实际工作中,不可用手摸擦锉削的表面,为防止锉刀(　　)。
(A)生锈　(B)打滑　(C)损坏　(D)变钝
20. 乙炔瓶工作时要求(　　)放置。
(A)倒置　(B)水平　(C)垂直　(D)倾斜
21. 在气割时,乙炔瓶的放置距明火不得小于(　　)。
(A)5 m　(B)10 m　(C)15 m　(D)20 m
22. 确定尺寸精确程度的公差等级共有(　　)级。
(A)20　(B)25　(C)30　(D)35
23. 3 英分写成(　　)。
(A)3/8　(B)3/12　(C)1/3　(D)5/15
24. 在电路中,金属导体的电阻与(　　)无关。
(A)导体的截面积　(B)外加电压　(C)材料的电阻率　(D)导体的长度
25. 串联电路中电源内部电流(　　)。
(A)从低电位流向高电位　(B)等于零
(C)从高电位流向低电位　(D)无规则流动
26. 一个工程大气压(kgf/cm^2)＝(　　)毫米汞柱。
(A)565.6　(B)735.6　(C)835.6　(D)935.6
27. 电焊机一次线长度超长时应架高铺,因为规定不得超过(　　)。
(A)1 m　(B)2 m　(C)3 m　(D)5 m
28. 工程上常用到压力,下列(　　)属于压力单位。
(A)焦耳　(B)牛顿·米　(C)牛顿/米^2　(D)公斤·米
29. 在气体行业中,(　　)是物质从液态变为气态的过程。
(A)汽化　(B)平衡　(C)蒸发　(D)凝结
30. 在设备安装时,加装平垫圈是为了增大(　　)。
(A)摩擦力　(B)接触面积　(C)压力　(D)螺栓强度
31. 一个工程大气压(kgf/cm^2)＝(　　)毫米汞柱。
(A)10 000　(B)13 333　(C)11 000　(D)13 000
32. 两个 20 Ω 的电阻并联在电路中,其总电阻值为(　　)。
(A)5 Ω　(B)10 Ω　(C)15 Ω　(D)20 Ω
33. (　　)的压力表准确度高,当它们的误差绝对值都是 0.2 MPa。
(A)1 MPa　(B)4 MPa　(C)6 MPa　(D)10 MPa
34. 饱和水的密度会因为它的压力增加而(　　)。

(A)减小　　(B)增大　　(C) 波动　　(D)不变

35. 在实际工作中,经常把划针尖端磨成(　　)。

(A)5°～10°　　(B)10°～20°　　(C)25°～30°　　(D)30°～35°

36. 在实际工作中,不同直径管子对口焊接时,其内径差不宜超过(　　)。

(A)2 mm　　(B)4 mm　　(C)6 mm　　(D)8 mm

37. 无缝钢管水平敷设时,支架距离为(　　)。

(A)3～3.5 m　　(B)2～2.5 m　　(C)1～1.5 m　　(D)4～4.5 m

38. 无缝钢管垂直敷设时,支架距离为(　　)。

(A)1.5～2 m　　(B)2～2.5 m　　(C)3～3.5 m　　(D)4～4.5 m

39. 就地安装的压力表,其刻度盘中心距地面高度宜为(　　)。

(A)1 m　　(B)1.5 m　　(C)2 m　　(D)2.5 m

40. 电线管的弯成角度不应小于(　　)。

(A)90°　　(B)105°　　(C)115°　　(D)120°

41. 就地压力表采用的导管外径不应小于(　　)。

(A)ϕ14 mm　　(B)ϕ16 mm　　(C)ϕ10 mm　　(D)ϕ12 mm

42. 压力表上的读数表示(　　)。

(A)减去大气压表压力　　(B)表压力

(C)表压力与大气压之和　　(D)绝对压力

43. 管子端口在安装前临时封闭是避免(　　)。

(A)生锈　　(B)变形　　(C)管头受损　　(D) 脏物进入

44. 就地压力表与支点的距离最大不应超过(　　)。

(A)600 mm　　(B)800 mm　　(C)900 mm　　(D)1 000 mm

45. 管路敷设完毕后,应用(　　)进行冲洗。

(A)水或空气　　(B)稀硫酸　　(C)煤油　　(D) 蒸气

46. 压力表游丝的作用是为了(　　)。

(A)固定表针　　(B)减小回程误差　　(C)提高灵敏度　　(D)平衡弹簧管的弹性力

47. 划针一般用(　　)制成。

(A)不锈钢　　(B)高碳钢　　(C)弹簧钢　　(D)普通钢

48. 划针盘的功能是(　　)。

(A)测量高度　　(B)划线或找正工件的位置

(C)确定中心　　(D)划等高平行线

49. 安全规定,使用砂轮时人应站在砂轮(　　)。

(A)两砂轮中间　　(B)正面　　(C)侧面　　(D)背面

50. 把钢直尺封闭起来或平放在平板上,为了防止直尺(　　)。

(A)折断　　(B)变形　　(C)弄脏　　(D)碰毛

51. 32.55 毫米＝(　　)。

(A)1.281 英寸　　(B)1.381 英寸　　(C)1.481 英寸　　(D)1.581 英寸

52. (　　)是瓶装溶解乙炔的纯度。

(A)93%　　(B)95%　　(C)98%　　(D)99%

53. 纯氩含量合格品≥(　　)。

(A)99.99%　　(B)99.993%　　(C)99.995%　　(D)99.996%

54. 高纯氩含量优等品≥(　　)。

(A)99.999 1%　　(B)99.999 3%　　(C)99.999 5%　　(D)99.999 6%

55. 高纯氩含量一等品≥(　　)。

(A)99.999 1%　　(B)99.999 3%　　(C)99.999 5%　　(D)99.999%

56. 高纯氩含量合格品≥(　　)。

(A)99.999%　　(B)99.999 2%　　(C)99.999 5%　　(D)99.999 8%

57. 高纯氧含量优等品≥(　　)。

(A)99.996%　　(B)99.998%　　(C)99.999%　　(D)99.999 2%

58. 高纯氧含量一等品≥(　　)。

(A)99.998%　　(B)99.996%　　(C)99.995%　　(D)99.992%

59. 高纯氧含量合格品≥(　　)。

(A)99.998%　　(B)99.995%　　(C)99.992%　　(D)99.991%

60. 在气体行业标准中,医用氧含量≥(　　)。

(A)99.9%　　(B)99.6%　　(C)99.5%　　(D)99.2%

61. 高纯氧水分含量(露点)≤(　　)。

(A)63 ℃　　(B)43 ℃　　(C)33 ℃　　(D)23 ℃

62. 容积大于等于(　　)的球形储罐属于三类压力容器。

(A)80 m^3　　(B)50 m^3　　(C)30 m^3　　(D)20 m^3

63. 容积大于(　　)的低温液体储存压力容器属于三类压力容器。

(A)15 m^3　　(B)25 m^3　　(C)30 m^3　　(D)35 m^3

64. (　　)是错误的氧的分析方法。

(A)磁氧分析器测定法　　(B)保险粉溶液吸收法

(C)铜氨溶液比色法　　(D)铜氨溶液法

65. (　　)是错误的氮气纯度分析的连续测定方法。

(A)光电法　　(B)磁氧分析器测定法

(C)原电池法　　(D)黄磷吸收法

66. 规程规定,液氧中乙炔含量不得超过(　　)。

(A)0.15 mg/L　　(B)0.25 mg/L　　(C)0.35 mg/L　　(D)0.45 mg/L

67. 规程规定,液氧中的含油量不得超过(　　)。

(A)0.15 mg/L　　(B)0.25 mg/L　　(C)0.35 mg/L　　(D)0.05 mg/L

68. 气瓶(　　)以上为大容积。

(A)150 L　　(B)130 L　　(C)110 L　　(D)100 L

69. (　　)为氧气站的低温液体泵的最大排出流量。

(A)700 L/h　　(B)500 L/h　　(C)400 L/h　　(D)300 L/h

70. (　　)为氧气站的低温汽化器的最高工作压力。

(A)15 MPa　　(B)13 MPa　　(C)12 MPa　　(D)10 MPa

71. 工艺规程规定,(　　)为氧、氮气瓶的最高充装压力。

(A)15.5 MPa (B)14.5 MPa (C)13.5 MPa (D)12.5 MPa

72. 氧气瓶每排充装时间不得低于( )。

(A)40 min (B)35 min (C)30 min (D)20 min

73. ( )是氧气的熔点。

(A)−188.8 ℃ (B)−198.8 ℃ (C)−208.8 ℃ (D)−218.8 ℃

74. ( )是氧气对比空气的相对密度。

(A)1.13 (B)1.23 (C)1.33 (D)1.43

75. ( )的氧气浓度以上被吸入时,则会出现眩晕、心动过速、虚脱、昏迷、抽搐、呼吸衰竭而死亡。

(A)70% (B)80% (C)84% (D)86%

76. 当高于( )氩气浓度的氩气在空气中时,就有窒息的危险。

(A)33% (B)44% (C)55% (D)66%

77. 当高于( )氩气浓度的氩气在空气中时,能在数分钟内死亡。

(A)75% (B)76% (C)77% (D)78%

78. ( )是氧气瓶外表面颜色,( )是氧气瓶字样颜色。

(A)天蓝、红色 (B)天蓝、黑色 (C)深绿、黑色 (D)深绿、白色

79. 氧气瓶内压力降( ),根据经验气温降低约10 ℃。

(A)0.7 MPa (B)0.6 MPa (C)0.5 MPa (D)0.4 MPa

80. 大于( )的残余变形率的氧气瓶应报废。

(A)5% (B)10% (C)20% (D)30%

81. 取公称工作压力的( )作为钢质无缝气瓶耐压试验压力。

(A)1.5倍 (B)1.3倍 (C)1.2倍 (D)1.1倍

82. ( )是不能用于气瓶气密性试验的。

(A)氮气 (B)氧气 (C)惰性气体 (D)空气

83. 气瓶的内表面存在( ),无论深度如何均应报废。

(A)点腐蚀缺陷 (B)划伤 (C)面腐蚀缺陷 (D)裂纹

84. 使用年限超过( )的溶解乙炔气瓶应报废。

(A)10年 (B)15年 (C)20年 (D)25年

85. ( )是气瓶使用的温度范围。

(A)−40～70 ℃ (B)−40～60 ℃ (C)−10～70 ℃ (D)−10～60 ℃

86. 有( )方式适合液化石油气的供气。

(A)1种 (B)2种 (C)3种 (D)4种

87. 永久气体有( )供气方式适合用气单位。

(A)1种 (B)2种 (C)3种 (D)4种

88. 钢瓶存放期不超过( )的是液氯钢瓶。

(A)1个月 (B)2个月 (C)3个月 (D)4个月

89. 瓶阀爆破片爆破压力应略( )瓶内气体的最高温升压力。

(A)高于 (B)等于 (C)低于 (D)不低于

90. ( )的牙型角也属于气瓶用螺纹。

(A)30° (B)45° (C)55° (D)60°

91. ( )的材料适合氧气瓶阀采用。

(A)碳钢 (B)铜合金 (C)低合金钢 (D)铝合金

92. 字色为( ),瓶色为白色的气瓶是溶解乙炔气瓶。

(A)白色 (B)淡绿色 (C)大红色 (D)黑色

93. 金属材料抵抗到某一极限时的( )的能力是弹性极限。

(A)外力 (B)内力 (C)压力 (D)引力

94. 低于( )产生的裂纹叫延迟裂纹。

(A)100～200 ℃ (B)150～250 ℃ (C)200～300 ℃ (D)250～350 ℃

95. 火灾三要素( )基本条件互相作用,燃烧才能发生。

(A)可燃物质、助燃物、火源 (B)氧化反应、可燃物质、火源

(C)氧化反应、助燃物、火源 (D)可燃物质、助燃物、氧化反应

96. 易燃液体的燃烧危险性远比可燃性液化气体( )。

(A)小得多 (B)大得多 (C)相等 (D)不能比

97. 特别( )是氧气的化学性质之一。

(A)无反应 (B)不活泼 (C)活泼 (D)中性

98. 氧气的物理性质是一种( )的气体。

(A)有色、无味、无臭 (B) 无色、有味、无臭

(C)无色、无味、有臭 (D) 无色、无味、无臭

99. 氮气的物理性质是一种( )的气体。

(A)有色、无味、无臭 (B) 无色、有味、无臭

(C)无色、无味、有臭 (D) 无色、无味、无臭

100. 大约在( )以下的交流电是通过人体的安全电流。

(A)1 A (B)0.1 A (C)0.01 A (D)0.05 A

101. 大约在( )以下的直流电是通过人体的安全电流。

(A)0.5 A (B)0.05 A (C)0.8 A (D)0.08 A

102. ( )汞柱等于1标准大气压。

(A)660 mm (B)760 mm (C)860 mm (D)960 mm

103. ( ) 等于1标准大气压。

(A)10 MPa (B)1 MPa (C)0.1 MPa (D)0.01 MPa

104. T(K)=( ) +t(℃)是摄氏温度 t(℃)与绝对温度 T(K)的换算关系。

(A)573 (B)473 (C)373 (D)273

105. 正常情况下,( )是空气中的氮气含量。

(A)78.01 (B)78.02 (C)78.03 (D)78.04

106. ( ) 是由热流体传给冷流体的设备。

(A)换热设备 (B)换气设备 (C)保温设备 (D)冷冻柜

107. 热量传递的动力是( )。

(A)温度差 (B)压力差 (C)温度 (D)热值差

108. ( ) 是液氧的相对于水的密度。

(A)1.04　(B)1.14　(C)1.54　(D)1.74

109.（　）是氧的沸点。

(A)−153 ℃　(B)−163 ℃　(C)−173 ℃　(D)−183 ℃

110.（　）是氧相对蒸气密度。

(A)1.101　(B)1.103　(C)1.105　(D)1.107

111.（　）/−160 ℃是氧的饱和蒸气压。

(A)610 kPa　(B)620 kPa　(C)630 kPa　(D)640 kPa

112.（　）是氧气的临界温度。

(A)−118.2 ℃　(B)−118.4 ℃　(C)−118.6 ℃　(D)−118.8 ℃

113.（　）是氧气的临界压力。

(A)5.08 MPa　(B)5.28 MPa　(C)5.45 MPa　(D)5.68 MPa

114. 在 0 ℃一大气压下，（　）是 1 L 液氧蒸发为气态氧的数量。

(A)750 L　(B)800 L　(C)850 L　(D)900 L

115. 在 0 ℃一大气压下，（　）是 1 L 液氩蒸发为气态氩的数量。

(A)700 L　(B)740 L　(C)780 L　(D)820 L

116.（　）是纯氮优等品含量。

(A)99.999%　(B)99.996%　(C)99.996%　(D)99.99%

117.（　）是纯氮一等品含量。

(A)99.999%　(B)99.996%　(C)99.993%　(D)99.99%

118.（　）是纯氮合格品含量。

(A)99.999%　(B)99.99%　(C)99.995%　(D)99.95%

119.（　）是高纯氮优等品含量。

(A)99.999 8%　(B)99.999 6%　(C)99.999 3%　(D)99.999%

120.（　）是高纯氮一等品含量。

(A)99.999 1%　(B)99.999 2%　(C)99.999 3%　(D)99.999 5%

121.（　）是高纯氮合格品含量。

(A)99.999%　(B)99.999 1%　(C)99.999 2%　(D)99.999 3%

122. 现阶段的质量管理体系是（　）。

(A)统计质量管理　(B)检验员质量管理

(C)一体化质量管理　(D)全面质量管理

123. 接到违章命令应（　）是工作人员的权力。

(A)执行后向上级汇报　(B)拒绝执行并立即向上级报告

(C)向上级汇报后再执行　(D)服从命令

124.（　）是新员工三级安全教育的内容。

(A)厂级教育、分厂教育、岗前教育

(B)厂级教育、班组教育、岗前教育

(C)厂级教育、分厂教育(车间教育)、班组教育

(D)分厂教育、岗前教育、班组教育

125.（　）是常见的锉刀的锉纹。

(A)单纹和双纹　(B)斜纹和尖纹　(C)尖纹和圆纹　(D)斜纹和双纹

126. 全面质量管理概念是(　　)最早提出的。

(A)日本　(B)英国　(C)美国　(D)德国

127. 每按压(　　)次后,吹气(　　)次是人工呼吸正确的做法。

(A)10,3　(B)10,1　(C)15,2　(D)15,1

128. (　　) 是工作时氧气瓶与乙炔瓶之间的距离。

(A)12 m　(B)8 m　(C)6 m　(D)5 m

129. (　　) 是锉刀按用途分类的。

(A)粗齿锉、中齿锉、细齿锉　(B)大号、中号、小号

(C)普通锉、特种锉、整形锉　(D)1号、2号、3号

130. (　　)是常用的丝锥种类。

(A)粗牙、中牙、细牙　(B)手工、机用、管螺纹

(C)大号、中号、小号　(D)英制、公制、管螺纹

131. 有效数字不是5位的是(　　)。

(A)2.318 5　(B)40.051　(C)0.123 4　(D)111.42

132. 0.357 649 取5位有效数字,正确的是(　　)。

(A)0.357 6　(B)0.357 64　(C)0.357 65　(D)0.357 649

133. 电阻串联电压一定时,各电阻上的电压为(　　)。

(A)电阻越小,电压越大　(B)电阻越大,电压越小

(C)电阻越大,电压越大　(D)与电阻的大小无关

134. 下列(　　)容易发生氧气瓶阀着火的说法是错误的。

(A)刚开始开阀充气时　(B)压力达到10 MPa以上继续补充空瓶时

(C)充完瓶往气柜倒余气时　(D)充瓶后关阀时

135. 首先切断气源,再用(　　)灭火应用在氧气管道着火时是正确的。

(A)泡沫或二氧化碳灭火器　(B)二氧化碳或四氯化碳灭火器

(C)泡沫或四氯化碳灭火器　(D)水和二氧化碳灭火器

136. 安全生产的方针是“安全第一,(　　)”。

(A)生产第二　(B)预防为主　(C)减少事故　(D)降低死亡

137. 空气中氧气含量超过(　　)时,不能动火。

(A)23%　(B)33%　(C)35%　(D)40%

138. 一般情况下,压力容器安全阀校验期为(　　)。

(A)半年　(B)一年　(C)三个月　(D)四个月

139. (　　)是氩气的熔点。

(A)−189.2 ℃　(B)−189.4 ℃　(C)−189.6 ℃　(D)−189.8 ℃

140. (　　)是液氩的相对密度。

(A)1.11　(B)1.21　(C)1.31　(D)1.41

141. (　　)是氩的沸点。

(A)−185.3 ℃　(B)−185.5 ℃　(C)−185.7 ℃　(D)−185.9 ℃

142. (　　)是氩的相对蒸气密度。

(A)1.38 (B)1.48 (C)1.58 (D)1.68

143. ( )是氩气的饱和蒸气压(kPa)。

(A)139.99 (B)149.99 (C)159.99 (D)169.99

144. ( )是氩气的临界温度。

(A)−120.4 ℃ (B)−121.4 ℃ (C)−122.4 ℃ (D)−123.4 ℃

145. ( )是氩气的临界压力。

(A)4.863 MPa (B)4.864 MPa (C)4.865 MPa (D)4.866 MPa

146. ( )是氮的熔点。

(A)−209.2 ℃ (B)−209.4 ℃ (C)−209.6 ℃ (D)−209.8 ℃

147. ( )是液氮的相对密度(水=1)。

(A)0.81 (B)0.71 (C)0.61 (D)0.51

148. ( )是氮气的相对密度(空气=1)。

(A)0.95 (B)0.96 (C)0.97 (D)0.98

149. 简单电路中,流过负载的电流 I 与负载两端的电压 U 成( )。

(A)反比 (B)正比 (C)没关系 (D)其他

150. ( ) 是标准长度的基本单位。

(A)厘米 (B)公里 (C)英尺 (D)米

151. ( ) 的写法是错误的。

(A)30 ℃ (B)30 摄氏度 (C)摄氏 30 度 (D)30 K

152. ( )是长度正确的写法。

(A)410 mm±5 mm (B)2 m26 cm (C)1.28 m (D)3 m55

153. 电流与电压的方向是( )的。

(A)相反 (B)相同 (C)视具体情况而定 (D)任意

154. 在简单电路中,相同的电压作用下( )。

(A)电阻越大,电流越大 (B)电阻越小,电流越小

(C)电阻越大,电流越小 (D)电流大小与电阻无关

155. ( ) 是氧气的分子量。

(A)28 (B)29 (C)31 (D)32

156. ( ) 是氮气的分子量。

(A)28 (B)29 (C)31 (D)32

157. ( ) 是空气的分子量。

(A)28 (B)29 (C)31 (D)32

158. 压力容器上的压力表应至少( )校验一次。

(A)半年 (B)一年 (C)三个月 (D)四个月

159. ( )是目前氧气站的液氧低温液体贮槽最高工作压力。

(A)0.8 MPa (B)1.0 MPa (C)1.2 MPa (D)1.6 MPa

160. 视油镜的( )油面是低温液体泵必须保持的正常油位。

(A)1/4 (B)1/2 (C)1/3 (D) 2/3

161. ( )是氧气站液氧低温贮槽的最大容积。

(A)15 m^3　(B)20 m^3　(C)25 m^3　(D)30 m^3

162.(　)是氧气站现在正在运行的液氮低温贮槽的最大容积。

(A)10 m^3　(B)15 m^3　(C)20 m^3　(D)30 m^3

163.(　)是工业氧优等品含量。

(A)99.7%　(B)99.5%　(C)99.2%　(D)99%

164.(　)是工业氧一等品含量。

(A)99.9%　(B)99.7%　(C)99.5%　(D)99.2%

165.(　)是工业氧合格品含量。

(A)99.1%　(B)99.2%　(C)99.3%　(D)99.4%

166. 工业氧游离水不大于(　)是合格品。

(A)70 毫升/瓶　(B)80 毫升/瓶　(C)90 毫升/瓶　(D)100 毫升/瓶

167.(　)是工业氮优等品含量。

(A)99.7%　(B)99.6%　(C)99.5%　(D)99.2%

168.(　)是工业氮一等品含量。

(A)99.7%　(B)99.6%　(C)99.5%　(D)99.2%

169.(　)是工业氮合格品含量。

(A)98.5%　(B)99%　(C)99.2%　(D)99.5%

170. 工业氮游离水不大于(　)是合格品。

(A)60 毫升/瓶　(B)80 毫升/瓶　(C)100 毫升/瓶　(D)150 毫升/瓶

171. 淬火是将钢加热到临界点以上,保温一定时间使奥氏体化后,再以大于临界冷却速度进行快速冷却,从而发生(　)转变的热处理工艺。

(A)马氏体　(B)奥氏体　(C)临界点　(D)熔点

172. 孔与轴有(　)的配合是间隙配合。

(A)过盈　(B)间隙　(C)间隙或过盈　(D)其他

173. 假想用剖切平面把机件剖开,将处在(　)和剖切平面之间的部分移去而将其余部分向投影面作投影得到剖面图。

(A)前面　(B)后面　(C)观察者　(D)侧面

174.(　)是假想用剖切平面将机件的某部分切断,得到切断表面的图形。

(A)主视图　(B)剖面图　(C)俯视图　(D)侧视图

175. 温度表现为物体的冷热程度,也是分子(　)平均动能的量度。

(A)运动　(B)热运动　(C)冷运动　(D)其他

176. 以冰的融点作为 0 ℃,水的沸点作为(　)是摄氏温标,它在 0～100 ℃之间分成 100 等分,每一等分为 1 ℃。

(A)100 ℃　(B)150 ℃　(C)200 ℃　(D)250 ℃

177. 物体热运动平均动能为(　)时的温度值定为 0 ℃是绝对温标。

(A)−273 K　(B)−173 K　(C)−73 K　(D)−1 K

178. 物理学上,把物体(　)上所受的垂直作用力是压强,也叫压力。

(A)全部　(B)体积　(C)面积　(D)单位面积

179.(　)内流过的介质数量是流量。

(A)一分钟 (B)一定时间 (C) 单位时间 (D)全部时间

180. 氧气的溶解性是微溶于水、( )、丙酮。

(A)酒精 (B)生理盐水 (C)四氯化碳 (D)碘酒

181. 氧气的化学性质很活泼,其禁配物是( )。

(A)碘酒 (B)氧化剂 (C)生理盐水 (D)还原剂

182. 压力容器低压的压力范围是( )。

(A)1～1.6 MPa (B)0.1～1.6 MPa (C)6～10 MPa (D)大于 10 MPa

183. 压力容器中压的压力范围是( )。

(A)1～1.6 MPa (B)1.6～4 MPa (C)1.6～10 MPa (D)大于 10 MPa

184. ( )造成的低温气体所具有吸收热量的能力是冷量。

(A)人工 (B)自然 (C)天然 (D)综合

185. 热力学上把混合物中容易( )的组分,称为易挥发组分。

(A)汽化 (B)溶解 (C)蒸发 (D) 熔化

186. 热力学上把混合物中难( )的组分,称为难挥发组分。

(A)熔化 (B) 汽化 (C)蒸发 (D)溶解

187. 在( )下的湿空气冷却到露点时,水分开始从湿空气中析出。

(A)定压 (B)一大气压 (C)标准状况 (D)一兆帕

188. ( )在湿空气中的含量与当时温度下饱和湿空气所含的水蒸汽量之比是相对湿度。

(A)水 (B)氧气 (C)水蒸汽 (D)氮气

189. ( )是一种物质的两个相彼此处于平衡而形成的一个相对的温度和压力之点。

(A)熔点 (B)临界点 (C)沸点 (D)其他

190. 当气体温度低于临界温度时,( )才有可能。

(A)液化 (B)溶解 (C)汽化 (D)熔化

191. ( )是人工合成的晶体铝硅酸盐,可以像离子交换器那样用来吸收或分离一些分子。

(A)混合筛 (B)原子筛 (C)分子筛 (D)其他

192. 吸附剂( )以后,就失去了吸附能力。

(A)排出 (B)饱和 (C)吸收 (D)中和

193. 过冷液体是指在温度降低到( )以下仍不凝固的液体。

(A)凝固点 (B)熔点 (C)冰点 (D)其他

194. 压力容器高压的压力范围是( )。

(A)0.1～1.6 MPa (B)1.6～10 MPa (C)10～100 MPa (D)大于 100 MPa

195. 压力容器超高压的压力范围是( )。

(A)0.1～1.6 MPa (B)1.6～10 MPa (C)10～100 MPa (D)大于 100 MPa

196. 临界温度小于( )气体的气瓶是永久性气体气瓶。

(A)－10 ℃ (B)－15 ℃ (C)－20 ℃ (D)－25 ℃

197. ( )是溶解气体气瓶最高工作压力。

(A)1.0 MPa (B)2.0 MPa (C)3.0 MPa (D)4.0 MPa

198. 氧气管道超过(　　)时应采用铜材料。
(A)6.0 MPa　(B)10.0 MPa　(C)12.0 MPa　(D)100.0 MPa
199. 以(　　)为原料的空气分离装置,是主要生产氧、氩、氮及其他稀有气体的装置。
(A)氧气　(B)空气　(C)氮气　(D)惰性气体
200. 用氧化锆分析仪测量氩气纯度时,其样品气体流量为(　　)左右。
(A)100 mL/min　(B)200 mL/min　(C)300 mL/min　(D)400 mL/min

三、多项选择题

1. 气瓶搬运时,下列说法正确的是(　　)。
(A)可用徒手滚动　(B)用手推使气瓶倾斜滚动
(C)使两只气瓶在胸前交叉滚动　(D)用脚在地上踢
2. 搬运方型底座的气瓶搬运,下列说法正确的是(　　)。
(A)使用稳妥、省力的小车　(B)使用衬有软垫的手推车
(C)用肩扛、背驮　(D)用托举、怀抱、臂夹
3. 气瓶搬运时应戴瓶帽,最好是固定式瓶帽,原因是(　　)。
(A)防止搬运距离较远损伤瓶阀
(B)防止瓶阀因受力而损坏,发生危险
(C)防止拆卸式瓶阀紧固不牢,发生搬运危险
(D)防止防震圈损坏
4. 气瓶运到库房或重瓶区时,下列说法正确的是(　　)。
(A)放置气瓶的地面必须平整　(B)气瓶应竖直放稳
(C)氧氮气瓶可以混放　(D)做好防倾倒措施
5. 当需要把气瓶向高处举放如装上汽车时,下列说法正确的是(　　)。
(A)必须两人同时操作　(B)两人动作协调一致,轻举轻放
(C)两人一起配合抛、扔　(D)防止人员或气瓶滑倒
6. 装卸气瓶时的注意事项是(　　)。
(A)轻装轻卸　(B)严禁野蛮装卸
(C)严禁用抛、滑、滚、碰的方式　(D)可以用脚踢、踹
7. 气瓶需要吊装时,下列说法正确的是(　　)。
(A)严禁使用电磁起重设备　(B)可以用集装箱、吊笼、吊筐,并固定好
(C)使用链绳、钢丝绳捆绑　(D)用吊钩瓶帽的方式
8. 使用机动车搬运时,下列说法错误的是(　　)。
(A)气瓶存放在气瓶工装架内,然后使用叉车
(B)直接用叉车叉气瓶
(C)使用翻斗车
(D)使用铲车
9. 用货车运输气瓶时,下列说法正确的是(　　)。
(A)顺车厢横放,瓶帽均应朝同一方向
(B)最高不准超过5层

(C)气瓶在车上摆放的高度不得超过车厢挡板

(D)最高不准超过4层

10. 运输可燃性、助燃性或毒性气体的运输里程超过400 km时,下列说法正确的是(　　)。

(A)必须配备2名司机轮换驾驶　(B)防止司机疲劳驾驶

(C)只有1名司机时可另配一个押运人员　(D)车上严禁烟火

11. 用货车运输气瓶时,对车辆有配备一定的要求,下列说法正确的是(　　)。

(A)配备相应的灭火器材

(B)配备相应的防毒面具

(C)运输可燃气体的车辆排气口应戴有阻火器

(D)必须有备用轮胎

12. 夏季用货车运输气瓶时,下列说法正确的是(　　)。

(A)要避免阳光照射　(B)二氧化碳气瓶可以白天运送

(C)配备遮阳遮雨设备设施　(D)炎热地区避免白天运送气瓶

13. 关于运输气瓶的车辆规定,下列说法正确的是(　　)。

(A)严禁使用自卸车　(B)严禁使用挂车捎带气瓶

(C)严禁使用长途汽车捎带气瓶　(D)严禁运送气瓶的货车载客

14. 关于运输气瓶车辆的行驶规定,下列说法正确的是(　　)。

(A)车辆启动与停车应缓慢　(B)行驶中要避免紧急刹车和急转弯

(C)严禁使用长途汽车捎带气瓶　(D)严禁运送气瓶的货车载客

15. 下列气瓶不应长途运输的是(　　)。

(A)氧气瓶　(B)丙烷气瓶　(C)丙烯气瓶　(D)氩气瓶

16. 对永久气体用气单位供气,有如下(　　)方式。

(A)管道直接输送供气　(B)液态气体贮运现场汽化供气

(C)汇流排管道供气　(D)单瓶连接供气

17. 汇流排管道供气适用于有一定规模的(　　)。

(A)生产工艺用气　(B)金属切割焊接用气

(C)中小规模金属冶炼用气　(D)其他不便运送钢瓶的用气点

18. 汇流排供气装置适用(　　)等永久气体。

(A)氧气　(B)氮气　(C)氩气　(D)丙烷

19. 关于汇流排供气装置,下列说法正确的是(　　)。

(A)汇流排间应有防止雷电的导除设施　(B)汇流排应有单独的防静电接地设施

(C)不需要设防雷电设施　(D)防雷接地和汇流排接地可以共用

20. 为了避免气瓶在使用中发生(　　)等事故,所有各种瓶装气体的使用单位,必须制定符合标准规范的气瓶使用管理制度和安全操作规程。

(A)气瓶爆炸　(B)气体燃烧　(C)瓶阀损坏　(D)中毒

21. 下列属于设备润滑管理五定内容的是(　　)。

(A)定制度　(B)定量　(C)定质　(D)定时

22. (　　)是设备管理三好内容。

(A)使用好　(B)管理好　(C)检修好　(D)养修好

23.(　　)不属于溶解气体。

(A)氧气　(B)氮气　(C)氩气　(D)乙炔气

24.(　　)属于设备管理四会内容。

(A)会使用　(B)会检查　(C)会养修　(D)会排除故障

25.(　　)属于设备管理日常保养内容。

(A)清洁　(B)润滑　(C)安全　(D)零修

26.(　　)属于设备日常清洁的内容。

(A)清扫保养设备,无油污与灰尘,呈现本色

(B)设备外观清洁无黄袍,油漆无脱落

(C)设备零修

(D)场地清洁,积水、积油、铁屑、杂物及时清扫干净

27.(　　)属于设备润滑的内容。

(A)油池有油,油质清洁,油标醒目

(B)设备外观清洁无黄袍,油漆无脱落

(C)按时润滑

(D)油孔、油嘴、油管等润滑装置齐全完整,不堵塞,油线、油毡齐全、清洁

28.(　　)属于设备操作内容。

(A)有设备操作维护保养规程,操作人员熟知规程内容

(B)凭证操作

(C)油孔、油嘴、油管等润滑装置齐全完整

(D)定人、定机

29.(　　)是属于设备交接内容。

(A)按时记录,完整、清楚　(B)凭证操作

(C)按时交接,交接清楚　(D)定人、定机

30.(　　)属于设备安全内容。

(A)灵敏可靠　(B)凭证操作

(C)按时交接,交接清楚　(D)安全装置齐全

31.(　　)是决定气体压强大小的因素。

(A)气体压缩程度　(B)质量　(C)温度　(D)性质

32.(　　)是工业上常用的压力名称。

(A)牛顿　(B)标准大气压　(C)工程大气压　(D)表压力

33.(　　)是物质的三态。

(A)混合状态　(B)液态　(C)固态　(D)气态

34.(　　)是工业气瓶从结构上分类的。

(A)组合气瓶　(B)焊接气瓶　(C)无缝气瓶　(D)复合气瓶

35.(　　)是工业气瓶从材质上分类的。

(A)钢质气瓶　(B)铝合金气瓶　(C)复合气瓶　(D)焊接气瓶

36.(　　)是工业气瓶从用途上分类分的。

(A)永久气体气瓶　(B)铝合金气瓶　(C)溶解乙炔气瓶　(D)非溶解气瓶

37. (　　)是工业气瓶从制造方法上分类的。
(A)拉伸气瓶　(B)复合气瓶　(C)焊接气瓶　(D)绕丝气瓶
38. (　　)是工业气瓶从承受压力上分类的。
(A)超高压气瓶　(B)中压气瓶　(C)低压气瓶　(D)高压气瓶
39. (　　)是工业气瓶从使用要求上分类的。
(A)专用气瓶　(B)一般气瓶　(C)通用气瓶　(D)特殊气瓶
40. (　　)是工业气瓶从形状上分类的。
(A)柱形气瓶　(B)桶形气瓶　(C)球形气瓶　(D)葫芦形气瓶
41. 气瓶的(　　)是其组成部分。
(A)瓶颈、筒体　(B)瓶阀、防震圈　(C)瓶根　(D)瓶底
42. 无缝气瓶的(　　)都是附件。
(A)瓶口　(B)瓶帽　(C)瓶链　(D)防震圈
43. 焊接气瓶的(　　)是常见的表面缺陷。
(A)焊缝超高　(B)焊瘤、凹坑　(C)表面气孔　(D)表面裂纹
44. 焊接气瓶的(　　)是常见的内部缺陷。
(A)未焊透　(B) 焊瘤　(C)夹渣　(D)气孔
45. 在现在气体行业中,永久气体液态输送与气态充瓶输送比较,(　　)说法是正确的。
(A)前者降低运输成本　(B)前者不需要大量的钢瓶
(C)前者质量更有保证　(D)前者需要大量的钢瓶
46. 操作规程规定,为了(　　)而发生各种事故,所以气瓶充装前逐只进行认真检查。
(A)防止在充装时　(B)防止由于超压
(C)防止超期服役　(D)防止误用报废瓶
47. 在充装过程中为了(　　),所以对乙炔气瓶喷淋冷却水。
(A)降低乙炔在丙酮中的溶解速度　(B)冷却乙炔瓶
(C)加快乙炔在丙酮中的溶解速度　(D)防止超压
48. (　　)是水压试验的合格标准。
(A)高压气瓶的容积残余变形率不得超过15%
(B)压力表有回降现象
(C)在试验压力下,瓶体不得有宏观变形、渗漏
(D)高压气瓶的容积残余变形率不得超过10%
49. 低温液体贮槽的安全使用管理制度中,(　　)是正确的说法。
(A)常规检验三个月一次
(B)安全阀、压力表应定期检验
(C)常规检验半年一次
(D)办理《压力容器使用证》,并在质监部门注册
50. 日常生活中,(　　)是常见的温度计。
(A)液体温度计　(B)酒精温度计　(C)水银温度计　(D)固体温度计
51. 工程上(　　)是常用的温标。
(A)气体学温标　(B)摄氏温标　(C)物理学温标　(D)华氏温标

52.(　　)是物质汽化过程中的方式。

(A)蒸发　(B)升华　(C)沸腾　(D)挥发

53. 物质蒸发具有的特征是(　　)。

(A)在降低压力下蒸发　(B)液体在任意温度下都可以蒸发

(C)在升高压力下蒸发　(D)蒸发现象仅发生在液体的表面

54. 同一种液体的蒸发速度与(　　)因素有关。

(A)密度　(B)温度　(C)气体排除速度　(D)气体压力

55. 物质的(　　)决定相平衡状态。

(A) 体积　(B)温度　(C)质量　(D) 压力

56.(　　)是气体在临界状态下经常用到的参数。

(A)临界质量　(B)临界密度　(C)临界温度　(D)临界体积

57. 气体的(　　)是常用的基本定律。

(A)牛顿定律　(B)欧姆定律　(C)查理定律　(D)盖吕萨克定律

58. 瓶装压缩气体包括(　　)。

(A)挥发气体　(B)液化气体　(C)溶解气体　(D) 永久气体

59.(　　)是瓶装混合气体按其在瓶内的状态分类的。

(A)溶解气体　(B)液态混合气　(C)气态混合气　(D)挥发气体

60. 特种气体包括(　　)。

(A)集成气体　(B)标准气体　(C)稀有气体　(D)电子气体

61.(　　)是特种设备。

(A)车床　(B)压力容器　(C)天车　(D)铣床

62.(　　)是特种设备。

(A)锅炉　(B)厂内机动车　(C)电梯　(D)客运索道

63.(　　)是气瓶要同时满足的三个条件。

(A)压力与容积的乘积应大于或等于 1.0 MPa・L

(B)盛装的介质应是气体

(C)压力应大于或等于 0.2 MPa

(D)压力应大于或等于 0.5 MPa

64.(　　)是气瓶的功能。

(A)储存气体　(B)运输气体　(C)气体换热　(D)气体排水

65.(　　)是临界温度正确的说法。

(A)气体的临界温度越高,就越容易液化

(B)如果气体低于临界温度时,液化才有可能

(C)气体的温度比其临界温度越低,液化所需要压力越小

(D)只要压力大,临界温度大小都没有关系,都能使气体液化

66.(　　)是压缩气体。

(A)永久气体　(B)液化气体　(C)溶解气体　(D)空气

67.(　　)是液化气体。

(A)氧气　(B)氮气　(C)二氧化碳　(D)丙烯

68.（ ）是高压液化气体。

(A)氩气 (B)乙烷 (C)二氧化碳 (D)乙烯

69.（ ）是低压液化气体。

(A)丙烷 (B)液化石油气 (C)二氧化碳 (D)丙烯

70.（ ）不是溶解气体。

(A)乙炔 (B)氧气 (C)氢气 (D)二氧化碳

71.（ ）不是吸附气体。

(A)乙炔 (B)氧气 (C)氢气 (D)二氧化碳

72.（ ）是氧化性气体。

(A)空气 (B)氧气 (C)氢气 (D)二氧化碳

73.（ ）是毒性气体。

(A)氯气 (B)硫化氢 (C)一氧化碳 (D)二氧化碳

74.（ ）是腐蚀性气体。

(A)氨气 (B)硫化氢 (C)一氧化碳 (D)二氧化碳

75.（ ）是燃烧和爆炸的不同点。

(A)氧化速度不同 (B)可燃物和助燃物比例不同

(C)还原速度不同 (D)可燃物和助燃物混合的均匀程度

76. 乙炔在空气中的比例（ ）是在其爆炸极限范围内的。

(A)3% (B)75% (C)85% (D)90%

77. 氧气与（ ）等按一定比例混合，成为可燃性的混合气体，一旦有火源或产生引爆条件，能引起爆炸。

(A)H_2 (B)CO (C)N_2 (D)CH_4

78.（ ）是混合物。

(A)空气 (B)氧气 (C)氮气 (D)液化石油气

79.（ ）是空气在压力容器生产行业中的用途。

(A)作气密性试验 (B)气压试验 (C)原材料 (D)焊接

80. 由于空气中的（ ）等气体的共同作用而发生的复杂化学反应，所以空气会使许多金属腐蚀。

(A)氧气 (B)水蒸气 (C)二氧化碳 (D)惰性气体

81. 空气中含量低于1%的气体是（ ）。

(A)甲烷 (B)氧气 (C)二氧化碳 (D)惰性气体

82.（ ）是惰性气体，其化学性质极不活跃，很难和其他元素发生反应。

(A)氦气 (B)氩气 (C)二氧化碳 (D)一氧化碳

83. 一氧化碳（ ）是正确的说法。

(A)毒性很大 (B)对人体的危害又很不容易觉察

(C)空气中最高容许浓度为30 mg/m^3 (D)是惰性气体

84. 二氧化碳（ ）是正确的说法。

(A)在常温下的化学性质稳定

(B)液态CO_2凝成固体，称为“干冰”

(C)在常温下不会分解

(D)在空气中如果浓度较高时,会造成人的缺氧窒息

85. 二氧化碳( )是正确的说法。

(A)无色 (B)无味 (C)无臭 (D)有酸味

86. 氯气( )是正确的说法。

(A)无色 (B)黄绿色 (C)有刺激性 (D)有毒性

87. 氨气( )是正确的说法。

(A)无色透明 (B)有臭味 (C)有刺激性 (D)有毒性

88. 液化石油气的主要成分的是( )。

(A)丙烷 (B)丁烷 (C)一氧化碳 (D)二氧化碳

89. 气瓶有( )时,提前进行检验。

(A)瓶阀漏气 (B)损伤 (C)严重腐蚀 (D)对安全可靠性有怀疑

90. 设备润滑管理五定内容包括( )。

(A)定人 (B)定设备 (C)定点 (D)定时

91. 物质燃烧需要的条件是( )。

(A)可燃物 (B)静电 (C)火源 (D)助燃物

92. 气体的爆炸可分为( )两种类型。

(A)物理性爆炸 (B)燃烧式爆炸 (C)化学性爆炸 (D)静电式爆炸

93. 可燃性气体包括( )。

(A)助燃气体 (B)可燃气体 (C)易燃气体 (D)自燃气体

94. ( )是瓶装可燃气体正确的说法。

(A)与空气混合时爆炸下限越低,则危险程度越高

(B)与空气混合时爆炸范围越宽,则危险程度越高

(C)高燃点越低,则危险程度越高

(D)密度比空气越小,则危险程度越高

95. 分解爆炸产生的条件是( )。

(A)临界压力 (B)激发能源 (C)空气 (D) 温度

96. 气体毒性级别包括( )。

(A)重度危害 (B)高度危害 (C)中度危害 (D)轻度危害

97. ( )是氧气的用途。

(A)企业生产所必需的气体 (B)在机械工业中应用较少

(C)作重油或煤粉的氧化剂 (D)钢铁企业不可缺少的原料

98. ( )是制取氧气的方法。

(A)液体分装法 (B)电解法 (C)吸附法 (D)化学法

99. ( )是氮气的用途。

(A)氨肥工业的主要原料 (B)冶金工业中的保护气

(C)作为洗涤气 (D)企业生产所必需的气体

100. ( )是制取氮气的方法。

(A)电解法 (B)深度冷冻法 (C)吸附法 (D)分解法

101.（　　）是氢气的用途。

(A)填充足球　(B)加工石英器件

(C)液态是飞机、火箭的燃料　(D)用作保护气和还原气体

102.（　　）是制取氢气的方法。

(A)液体分装法　(B)化学法　(C)变压吸附法　(D) 电解法

103.（　　）是氩气的用途。

(A)用作载气　(B)用作氧化气体　(C)填充气球　(D)作为保护气

104.（　　）是氦气的用途。

(A)成为一种普通物资　(B)用作载气

(C)制造核武器　(D)作为保护气

105.（　　）是二氧化碳性质正确的说法。

(A)黄绿色　(B)无臭　(C)稍有酸味　(D)无毒性

106.（　　）是二氧化碳的用途。

(A)食品　(B)保护气　(C)用作载气　(D)饮料

107.（　　）是制取二氧化碳的方法。

(A)生产水泥副产品 (B)碳燃烧　(C)发酵过程副产品 (D)其他

108. 二氧化碳中毒的临床症状是(　　)。

(A)重度中毒　(B)中度中毒　(C)深度中毒　(D)轻度中毒

109.（　　）是处置二氧化碳中毒人员正确的做法。

(A)拨打 120　(B)人工呼吸　(C)转到空气新鲜处 (D)用水洗脸

110.（　　）是液化石油气的主要成分。

(A)丙烷　(B)乙烷　(C)甲烷　(D)丁烷

111. 一般民用和工业用的液化石油气是(　　)。

(A)以甲烷为主要成分　(B)以丁烷为主要成分

(C)混合液化石油气　(D)高纯度丙烷

112.（　　）是液化石油气的用途。

(A)天然气灶　(B)保护气　(C)液化气灶　(D)煤气工业的原料

113.（　　）是制取液化石油气的方法。

(A)从天然气凝析液中回收　(B)在炼油厂回收

(C)液体分装法　(D)其他

114. 下列(　　)关于乙炔的性质的说法是正确的。

(A)可燃液体　(B)无色　(C)可燃气体　(D)无臭

115.（　　)是乙炔具有的反应能力,因为其化学性质非常活泼。

(A)分解　(B)挥发　(C)还原　(D)聚合

116.（　　）是乙炔的用途。

(A)无机合成原料　(B)金属焊接　(C)食品加热　(D)金属切割

117.（　　）是制取乙炔的方法。

(A)电石法　(B)液体分装法　(C)甲烷裂解法　(D)烃类裂解法

118. 金属材料(　　）是强度按外力作用形式分的。

(A)抗拉强度　　(B)抗压强度　　(C)抗弯强度　　(D)抗折强度

119. 金属材料(　　)是硬度按测定方法的不同分的。

(A)献氏硬度　　(B)洛氏硬度　　(C)康氏硬度　　(D)维氏硬度

120. 工艺(　　)可用于气瓶焊接。

(A)气焊　　(B)电弧焊　　(C)钎焊　　(D)埋弧自动焊

121. 气体中的(　　)是使用无缝气瓶进行充装的。

(A)氮气　　(B)丙烯　　(C)二氧化碳　　(D)丙烷

122. 气体中的(　　)是使用焊接气瓶进行充装的。

(A)乙炔　　(B)氩气　　(C)丙烯　　(D)丙烷

123. 钢质气瓶中的(　　)是按材料的化学成分分类的。

(A)工具钢气瓶　　(B)锰钢气瓶　　(C)铬钼钢气瓶　　(D)不锈钢气瓶

124. 气体中的(　　)是允许装入铝合金气瓶的。

(A)氨气　　(B)空气　　(C)氧气　　(D)二氧化碳

125. 气瓶中的(　　)是焊接的结构形式。

(A)液化石油气钢瓶　　(B)氮气瓶　　(C)溶解乙炔气瓶　　(D)二氧化碳气瓶

126. 气体中的(　　)是可以用公称压力为 15 MPa 的无缝气瓶充装的。

(A)丁烷　　(B)氮气　　(C)氩气　　(D)丙烷

127. 钢质无缝气瓶中的(　　)都有容积是 40 L 的。

(A)丁烷气瓶　　(B)氮气瓶　　(C)氧气瓶　　(D)氩气瓶

128. 气瓶附件包括(　　)。

(A)瓶底　　(B)瓶帽　　(C)防震圈　　(D)瓶肩

129.(　　)是气瓶附件正确的说法。

(A)气瓶的一般组成部分　　(B)可有可无的部分

(C)具有重要的使用作用　　(D)具有安全防护作用

130.(　　)是气瓶瓶帽正确的说法。

(A)没有卸压孔　　(B)具有良好的抗撞击性能

(C)具有互换性　　(D)开有一个卸压孔

131.(　　)是气瓶瓶阀正确的说法。

(A)同一规格、型号的瓶阀,其质量误差不超过 3%

(B) 属于企业标准

(C)与气瓶连接的阀口螺纹必须与气瓶口内螺纹相匹配

(D)逐只有出厂合格证

132. 氧气钢瓶阀的(　　)是其主要零件。

(A)阀芯　　(B)阀体　　(C)防震圈　　(D)阀杆

133. 氩气钢瓶阀的(　　)是其主要零件。

(A)调整螺母　　(B)阀芯　　(C)阀体　　(D)阀杆

134. 氮气钢瓶阀的(　　)是其主要零件。

(A)密封垫　　(B)阀芯、压紧螺母　　(C)阀帽　　(D)防爆膜片

135.(　　)是气瓶的颜色标志。

(A)钢印 (B)字样 (C)字色 (D)检验标记

136. 下列(　　)的作用是属于气瓶的颜色标志的。

(A)防止气瓶锈蚀 (B)减少阻力 (C)气瓶种类识别 (D)美观

137. 下列(　　)属于气瓶的钢印标记。

(A)使用单位编号 (B)制造钢印标记 (C)检验钢印标记 (D)使用厂代码

138. 关于气瓶检验色标,(　　)是正确的说法。

(A)每10年为一个循环周期 (B)按年份涂检验色标

(C)每6年为一个循环周期 (D)形状为矩形或椭圆形

139. 关于安全阀的动作原理,(　　)是正确的说法。

(A)是一种手动阀门 (B)不能够自动关闭

(C)是一种自动阀门 (D)能够自动排出一定量的流体

140. 关于对安全阀性能的要求,(　　)是正确的说法。

(A)准确的整定 (B)稳定的排放 (C)及时的回座 (D)可靠的密封

141. 下列(　　)是按使用介质分类的。

(A)石油气安全阀 (B)空气及其他气体安全阀

(C)液体用安全阀 (D)压缩气体安全阀

142. 下列(　　)是按公称压力分类的。

(A)特殊压力安全阀 (B)中压安全阀 (C)高压安全阀 (D)超高压安全阀

143. 下列(　　)是按使用温度分类的。

(A)低温安全阀 (B)常温中温安全阀 (C)高温安全阀 (D)超高温安全阀

144. 下列(　　)是按连接方式分类的。

(A)法兰连接安全阀 (B)复合安全阀 (C)螺纹连接安全阀 (D)焊接安全阀

145. 下列(　　)是按作用原理分类的。

(A)滞后式安全阀 (B)直接作用式安全阀

(C)非直接作用式安全阀 (D)先导式安全阀

146. 下列(　　)是按动作特性分类的。

(A)中启式安全阀 (B)全启式安全阀 (C)微启式安全阀 (D)先导式安全阀

147. 下列(　　)是按开启高度分类的。

(A)微启式安全阀 (B)先导式安全阀 (C)中启式安全阀 (D)全启式安全阀

148. 下列(　　)是按加载形式分类的。

(A)掉锤式安全阀 (B)永磁体式安全阀 (C)气室式安全阀 (D)弹簧式安全阀

149. 下列(　　)是按气体排放方式分类的。

(A)开放式安全阀 (B)半封闭式安全阀 (C)封闭式安全阀 (D)敞开式安全阀

150. 安全阀常用(　　)作为校验的介质。

(A)压缩空气 (B)氮气 (C)氧气 (D)水

151. 关于安全阀安装的一般要求,(　　)是正确的说法。

(A)在设备或管道上横向安装 (B)安装位置易于维修和检查

(C)液体安全阀安装在正常液面的下面 (D)压力容器的最高处

152. 本工种危险源包括(　　)。

(A)气体或液体的泄漏　　(B)阀门失灵
(C)气瓶倾倒　　(D)违章操作

153. 本工种环境因素包括(　　)。
(A)排放氮气　　(B)压缩气体爆炸
(C)气体或液体的泄漏　　(D)火灾发生

154. 操作规程中关于工作前的准备有明确的规定,(　　)是正确的说法。
(A)检查工具是否齐　　(B)听取班组安全讲话
(C)穿好劳动保护用品　　(D)打扫卫生

155.(　　)是用四氯化碳清洗零件时需要注意的。
(A)必须要在室外进行　　(B)可以在室内进行
(C)手不能有划伤　　(D)清洗残液必须妥善处理

156. 操作规程中关于工作后的具体事项有明确的规定,(　　)是正确的说法。
(A)清理好生产作业现场　　(B)消除各种安全防火隐患
(C)做好必要的记录　　(D)更换工作服

157. 突发安全事故时,(　　)是正确的做法。
(A)紧急撤离　　(B)切断电源　　(C)立即报告　　(D)切断气源

158. 操作人员的手被低温液体冻伤时,(　　)是正确的做法。
(A)用冰敷在患处
(B)去医院治疗
(C)用电吹风加热
(D)将受伤部分浸入常温水中浸泡 15 min 以上

159. 关于气瓶充装前对充装台的检查,(　　)是正确的说法。
(A)检查安全阀压力表是否在有效期内　　(B)检查管道阀门是否有灰尘
(C)充装卡具是否灵活　　(D)卡具是否沾有油脂

160. 关于低温液体泵的预冷,(　　)是正确的说法。
(A)看到预冷阀持续出液即可
(B)不需要预冷,泵也可以在热状态下启动运行
(C)预冷 2～4 min 即可
(D)预冷结束后及时关闭预冷阀

161. 关于气瓶充装前检查"七补充"内容,(　　)是正确的说法。
(A)钢印标记、颜色标记不符合规定,对瓶内介质未确认的
(B)附件损坏、不全或不符合规定的
(C)瓶内无剩余压力的
(D)超过检验期限的

162.(　　)属于气瓶充装前检查"七补充"内容。
(A)经外观检查,存在明显损伤、需要进一步检验的
(B)气体气瓶沾有油脂的
(C)易燃气体气瓶的首次充装或定期检验后的首次充装,未经置换或抽真空处理的
(D)超过检验期限的

163. 关于氧气瓶充装操作内容,(　　)是正确的说法。

(A)确认已经检查合格的待充装气瓶

(B)将登记好的气瓶运到充装台上

(C)将不合格的瓶号做好登记

(D)用链子锁好,要求一只一锁

164. 关于氧气瓶充装操作内容,(　　)是正确的说法。

(A)将瓶嘴方向与防错卡具接头相对应,便于连接

(B)将待充装的气瓶与充装台的卡具连接好

(C)将与卡具接好的气瓶阀门全部缓慢打开

(D)快速打开充装台上的高压阀

165. 关于处理充装时氧气瓶卡具泄漏操作,(　　)是正确的说法。

(A)关闭该气瓶对应的汇流排上的充装阀

(B)打开该气瓶对应的汇流排上的充装阀

(C)关闭气瓶阀,将防错卡具缓慢打开 1/4 扣泄压

(D)卡具重新连接

166. 关于充装时处理氧气瓶泄漏操作,(　　)是正确的说法。

(A)打开该气瓶对应的汇流排上的充装阀

(B)关闭该气瓶对应的汇流排上的充装阀

(C)关闭气瓶阀,将防错卡具缓慢打开 1/4 扣泄压

(D)更换新的气瓶

167. 关于充装时处理氧气瓶泄漏操作,(　　)是正确的说法。

(A)更换下来的气瓶送到待修区

(B)直接在充装台前进行维修,修后继续充装

(C)禁止在充装区修理气瓶

(D)注意检查瓶体温度不得超过 45 ℃

168. 氧气瓶充装压力达到 5.0 MPa 以上时的操作内容,下列说法(　　)是正确的。

(A)充装人员应离开充装现场到操作间通过压力表观察压力变化

(B)充装人员不离开充装现场直接监护压力表

(C)气瓶充装压力达到规定值时,关闭该汇流排进气阀门

(D)气瓶充装压力达到规定值时,立即打开第二组已准备好的汇流排进口阀门

169. 氧气瓶充装压力达到规定值时的操作内容,(　　)是正确的说法。

(A)关闭该汇流排进气阀门

(B)关闭已经充完的气瓶上的气瓶阀

(C)在卸去气瓶卡具之前,打开放空阀

(D)查看汇流排压力表,注意要等到汇流排压力归 0 时,方可进行卸瓶操作

170. 关于氧气瓶充满卸瓶后的操作内容,(　　)是正确的说法。

(A)卸去卡具,打开气瓶防护链,将充完的气瓶送到重瓶存放区

(B)充完的气瓶,通知化验室进行抽检

(C)抽检合格后粘贴质量合格证

(D)由化验分析人员粘贴质量合格证

171. 关于氧气瓶阀修理及更换前的准备工作,(　　)是正确的说法。

(A)指定专人负责,指挥其他配合人员共同完成

(B)参与人员在工作前,必须用肥皂将手洗干净

(C)用四氯化碳清洗氧气瓶阀、零件、工具及盛水容器,再用热水清洗干净

(D)参加人员如需戴手套,必须是干净无油手套

172. 关于氧气瓶阀修理及更换前泄压具体操作步骤,(　　)是正确的说法。

(A)将氧气瓶瓶帽卸下

(B)将阀杆打开,将瓶内气体释放干净

(C)打开安全帽半圈或一圈,检验气瓶是否还存有余气,然后缓慢卸下安全帽

(D)从侧面查看安全帽内的气体出口是否有堵塞

173. 关于氧气瓶阀修理及更换前泄压操作,(　　)是正确的说法。

(A)打开阀杆泄压时,瓶嘴不能对人

(B)打开安全帽泄压时,安全帽方向不可以对人

(C)打开阀杆泄压时,必须快速进行

(D)打开阀杆泄压时,必须缓慢进行

174. 关于氧气管道阀门操作,(　　)是正确的说法。

(A)操作人员必须位于其侧面

(B)开关阀门必须缓慢进行

(C)必须一次开足或关严,但亦不应太紧

(D)用力过猛会损坏阀体或螺纹

175. 关于氧气管道材质,(　　)是正确的说法。

(A)氧气充装汇流排必须采用铜管

(B)氧气充装汇流排必须采用不锈钢管

(C)氧气充装汇流排必须采用钢管

(D)压力低于 2.94 MPa 的输氧管道可以采用无缝钢管

176. 关于氧气充装台接地,(　　)是正确的说法。

(A)氧气充装台必须采用可靠接地　　(B)接地电阻应小于 5 Ω

(C)氧气充装台不需要采用接地　　(D)接地电阻应小于 20 Ω

177. 关于氧气站动火,(　　)是正确的说法。

(A)必须采用可靠的措施　　(B)应经批准领取动火证

(C)安排好监护人员　　(D)准备好灭火器材

178. 充装氧气时,(　　)均不得沾有油脂,也不得使油脂沾染到阀门,管道、垫片等一切与氧气接触的装置的物件上。

(A)双手　　(B)服装　　(C)头部　　(D)工具

179. 针对气瓶阀口的危险,(　　)是正确的说法。

(A)搬运气瓶时,手应远离气瓶阀口

(B)气瓶存放时,阀口亦不应对着人及其他可燃物

(C)搬运气瓶时,瓶阀处于关闭状态,手不必远离气瓶阀口

(D)气瓶存放时，阀口亦可以对着人及其他可燃物

180. 在进入通风不良，有发生窒息危险场所处理液氮、液氩、液态二氧化碳及其气体时，(　　)是正确的说法。

(A)必须分析大气含氧量

(B)当含氧量低于16%，操作人员必须戴上自供或防护面罩

(C)当含氧量低于18%，操作人员必须戴上自供或防护面罩

(D)须在有专人监护下进行操作处理

181. 典型安全阀型号A42Y-16C，(　　)是正确的说法。

(A)A代表安全阀　　(B)4代表法兰连接

(C)2代表全启式　　(D)C代表阀体材料是碳素钢

182. (　　)属于安全阀的定期检查分类内容。

(A)在线检查　　(B)在设备及管道上检查

(C)离线检查　　(D)拆下来在地上或校验台上检查

183. 关于安全阀在线检查，(　　)是正确的说法。

(A)安全阀在设备或管道上进行的检查

(B)检查人员受过专业培训，并取得特种作业人员证书

(C)安全阀在受压或不受压都可以进行的检查

(D)检查人员受过专业培训，但未取得特种作业人员证书

184. 安全阀停止使用需要报废，(　　)是正确的原因。

(A)阀瓣和密封面损坏，出现漏气

(B)阀瓣和密封面损坏严重，无法修复

(C)弹簧腐蚀严重，已经无法正常使用

(D)调节圈锈蚀严重，已经无法进行调节

185. 关于安全阀校验台的介质，(　　)是正确的说法。

(A)压缩空气　　(B)氮气　　(C)水　　(D)氧气

186. 液化石油气的供气方式有(　　)三种。

(A)单瓶供气　　(B)瓶组供气　　(C)液体直接供气　　(D)加热蒸发供气

187. 液化石油气单瓶供气，下列说法正确的是(　　)。

(A)适合家庭使用　　(B)使用时放在安全可靠的地方

(C)使用时接好减压器和耐油胶管　　(D)适合企业使用

188. 液化石油气使用过程中的注意事项，下列说法正确的是(　　)。

(A)钢瓶必须直立使用　　(B)可以倒置和卧放使用

(C)使用时注意通风　　(D)气瓶不得靠近热源

189. 关于溶解乙炔气的安全使用，下列说法正确的是(　　)。

(A)钢瓶必须直立使用

(B)出口必须配置专用的减压器和回火防止器

(C)应留有不低于0.05 MPa的剩余压力

(D)可以卧放使用

190. 气瓶水压试验的目的是检验气瓶的(　　)等综合安全性能。

(A)泄漏缺陷　　(B)耐压强度
(C)容积残余变形率　　(D)局部缺陷

191. 气瓶水压试验压力与公称工作压力的倍数关系,下列说法错误的是(　　)。
(A)1.1 倍　　(B)1.3 倍　　(C)1.5 倍　　(D)2 倍

192. 气瓶水压试验用水的要求,下列说法正确的是(　　)。
(A)必须是洁净的咸水
(B)试验水槽的水必须敞口 24 h 后才能使用
(C)必须是洁净的淡水
(D)实验时水温不得低于 5 ℃

193. 关于水压试验合格标准,下列说法正确的是(　　)。
(A)在耐压试验中及保压时间内,未出现鼓包、变形
(B)在耐压试验中及保压时间内,压力表指针有回降现象
(C)在耐压试验中及保压时间内,未出现瓶体、瓶底渗漏
(D)在耐压试验中及保压时间内,压力表指针无回降现象

194. 关于气瓶干燥的目的,下列说法正确的是(　　)。
(A)清除瓶内残留的水分
(B)保证气瓶在使用时不致因水导致内壁腐蚀、瓶壁应力腐蚀产生残留物
(C)清除瓶内残留的二氧化碳
(D)防止气体质量下降

195. 气瓶气密性试验,下列说法正确的是(　　)。
(A)气密性试验的环境温度不得低于 5 ℃
(B)受试气瓶必须是经过水压试验合格的
(C)受试气瓶的试验压力应等于公称工作压力,不准超压试验
(D)对受试气瓶的充气应在水槽内进行(浸水法)

四、判 断 题

1. 变形是金属材料在内力作用下所引起的尺寸和形状的变化。(　　)
2. 实测最小壁厚是指瓶体均匀腐蚀处测得壁厚的最小值。(　　)
3. 容积变形试验是用水压试验方法测定气瓶容积变形的试验。(　　)
4. 外测法容积变形试验是用水套法从气瓶外侧测定容积变形的试验。(　　)
5. 内测法容积变形试验是从气瓶内侧测定容积变形的试验。(　　)
6. 容积弹性变形是瓶体在水压试验压力卸除后不能恢复的容积变形。(　　)
7. 容积残余变形是瓶体在水压试验压力卸除后能恢复的容积变形。(　　)
8. 容积残余变形率是瓶体容积残余变形对容积全变形的百分比。(　　)
9. 容积全变形是气瓶在水压试验压力下的总容积变形,其值为容积弹性变形与容积残余变形之差。(　　)
10. 安全性能试验是为检验气瓶安全性能所进行的各项试验的统称。(　　)
11. 气瓶宏观检查是泛指内外表面宏观形状、形位公差及其他表面可见缺陷的检查。(　　)

12. 音响检查是按照有关标准规定敲击气瓶，以音响特征判别瓶体品质的检验。（ ）

13. 凹陷是气瓶瓶体因尖状物撞击或挤压造成壁厚无明显变化的局部塌陷变形。（ ）

14. 凹坑是由于打磨、磨损、氧化皮脱落或其他非腐蚀原因造成的瓶体局部壁厚减薄、表面浅而平坦的凹坑状缺陷。（ ）

15. 鼓包是气瓶外表面突起、内表面塌陷，壁厚有明显变化的局部变形。（ ）

16. 磕伤是因尖锐锋利物体撞击或磕碰，造成瓶体局部金属变形及壁厚减薄，且在表面留下底部是尖角、周边金属凸起的小而深的坑状缺陷。（ ）

17. 划伤是因尖锐锋利物体划、擦造成瓶体局部壁厚减薄，且在瓶体表面留下底部是尖角的线状机械损伤。（ ）

18. 裂纹是瓶体材料因金属原子结合遭到破坏，形成新界面而产生的裂缝。（ ）

19. 夹层泛指重皮、折叠、带状夹杂等层片状几何连续，它是由冶金或制造等原因造成的裂纹性缺陷。（ ）

20. 皱折是无缝气瓶收口时因金属挤压在瓶颈及其附近内壁形成的径向的密集皱纹或折叠。（ ）

21. 环沟是位于瓶体内壁，因冲头严重变形引起的径线圆滑转折。（ ）

22. 偏心是气瓶筒体的外圆与内圆不同心形成壁厚偏差。（ ）

23. 歪底是瓶底歪斜偏离筒体中心线的变形。（ ）

24. 底部颈缩是气瓶筒体下部沿圆周形成环状凹陷的变形。（ ）

25. 胖头是气瓶筒体下部沿圆周形成环状鼓包的变形。（ ）

26. 尖头是气瓶筒体上部约 1/2 高度一段的外径小于筒体下部的变形。（ ）

27. 尖肩是气瓶筒体与瓶肩未形成圆滑过渡而出现棱角的变形。（ ）

28. 瓶底漏是瓶底因钢坯中缩孔未切尽在反挤时未能熔合、钢管收底温度低未焊合或夹有氧化皮、瓶底裂纹扩展、凹坑锈串等造成的泄漏缺陷。（ ）

29. 瓶口裂纹是瓶口外部形成的裂纹缺陷。（ ）

30. 结疤是气瓶外表被氧化皮碎渣黏附或氧化皮脱落形成的坑疤等缺陷。（ ）

31. 外壁纵裂是瓶体外壁沿纵向出现深度不同的纵向裂纹或底部裂纹缺陷。（ ）

32. 内壁纵裂是瓶体内壁沿纵向或斜向出现深度不同的纵向裂纹或底部裂纹缺陷。（ ）

33. 纵向皱折是由于使用等原因在气瓶外表面形成的纵向直线状的深痕。（ ）

34. 直线度是气瓶筒体弯曲的程度。（ ）

35. 垂直度是气瓶直立时与地面的垂直程度。（ ）

36. 圆度是气瓶筒体偏离正圆的程度。（ ）

37. 腐蚀是金属和合金由于外部介质的化学作用或电化学作用而引起的破坏。（ ）

38. 腐蚀产物是金属与外部介质互起作用时形成的化合物。（ ）

39. 初锈是金属光泽消失，仅呈现灰暗迹象。（ ）

40. 浮锈是表面呈现红褐色、淡红色或细粉末状的锈迹。（ ）

41. 迹锈是表面呈现黄色或淡赭色或黄色，为堆状粉末。（ ）

42. 层锈是表面呈黑色、片状锈层或凸起锈斑。（ ）

43. 点腐蚀是腐蚀表面长径及腐蚀部位密集程度均未超过有关标准规定的孤立坑状腐

蚀。(　　)

44. 线状腐蚀是由腐蚀点连成的线状沟痕或由腐蚀点构成的链状腐蚀缺陷。(　　)

45. 斑腐蚀是腐蚀表面呈现斑疤密集坑状腐蚀缺陷。(　　)

46. 局部腐蚀是腐蚀表面平坦且腐蚀面积超过有关标准规定的大面积腐蚀缺陷。(　　)

47. 大面积均匀腐蚀是瓶体表面覆盖面积较大而且较平整的腐蚀。(　　)

48. 复合缺陷是由两种或两种以上缺陷叠加在一起的缺陷。(　　)

49. 气瓶检验站必须配备三名技术负责人。(　　)

50. 气瓶检验最好使用瓶阀自动装卸机。(　　)

51. 严禁用管钳或其他易于损伤瓶体的工具装卸瓶阀。(　　)

52. 最好使用防震胶圈自动装卸机,检验量较小的检验站也可用人工装卸。(　　)

53. 检验氧气瓶必须配备禁油气瓶专用试压装置。(　　)

54. 严禁在同一场所同时排放两种性质相同的气体。(　　)

55. 排放大量的氮气或氩气等惰性气体时,应注意采取通风措施,以防止操作者窒息危险。(　　)

56. 排放氧气时,排放场地内不应存放油脂,以免引起燃烧。(　　)

57. 水压试验在气瓶定期的技术检验中是普通的检测项目。(　　)

58. 水压试验是检验气瓶耐压强度、容积残余变形率、局部缺陷等综合安全性能。(　　)

59. 用水作试验介质是经济、方便、安全的。(　　)

60. 水具有无毒、易流动、不易蒸发、不可燃烧和低压缩等特点。(　　)

61. 水压试验压力是公称工作压力的1.5倍。(　　)

62. 公称工作压力15 MPa的气瓶,水压试验压力为18 MPa 。(　　)

63. 水压试验用水必须是洁净的淡水。(　　)

64. 水压试验时,瓶内水温不得低于15 ℃。(　　)

65. 气瓶在试验压力下,瓶体不得有宏观变形、渗漏,否则,水压试验不合格。(　　)

66. 气瓶在试验压力下,压力表无回降现象,否则,水压试验不合格。(　　)

67. 高压气瓶的容积残余变形率不得超过15%,否则,水压试验不合格。(　　)

68. 要求瓶阀不但坚实耐用,而且严密不易漏气。(　　)

69. 在气瓶定期技术检验的同时,必须逐只进行检验、清洗、修理和更换损坏的瓶阀。(　　)

70. 瓶阀阀体有变形、弯曲和裂纹等缺陷时必须修理瓶阀。(　　)

71. 瓶阀锥形尾部螺纹的最小有效牙数,必须符合相关规定。(　　)

72. 瓶阀内的各种零部件变形、断裂、磨损或失效,必须更换。(　　)

73. 瓶阀型号和材质不符合瓶内气体要求的,必须更换。(　　)

74. 氧气瓶阀装配前可以用四氯化碳、二氯乙烷或清水等溶剂清洗。(　　)

75. 瓶阀用溶剂清洗后,需要用流动的水冲洗阀件表面残剂,并进行干燥。(　　)

76. 瓶阀气密性试验采用浸水法或用肥皂水试验。(　　)

77. 瓶阀气密性试验发现漏气经修复后可再进行试验。(　　)

78. 在瓶阀气密性试验过程中严禁敲击、拧动或拆卸承压的部件。(　　)

79. 瓶阀装到瓶口上应留有一定的余扣,一般应留有3～5扣。(　　)

80. 瓶阀装到瓶口上如果没有余扣,则必须更换新的瓶阀。( )

81. 气瓶干燥的目的是清除瓶内残留的二氧化碳。( )

82. 气瓶干燥的目的是保证气瓶在使用时不致因水导致内壁腐蚀,瓶壁应力腐蚀产 生的残留物、气体聚合或分解或气体质量下降。( )

83. 氧气瓶内存在残留水分,在高压氧的作用下,会加速内壁腐蚀。( )

84. 一氧化碳气瓶内存在残留水分,就会促使一氧化碳及其所含微量二氧化碳对瓶壁产生应力腐蚀。( )

85. 氩气瓶内残留水分,氩气与水能形成晶络合物。( )

86. 何种气瓶需要干燥到何种程度,以气体性质和用途而定。( )

87. 盛装同种气体的气瓶因用途不同,其干燥程度亦不同。( )

88. 对于一般工业气瓶如氧气瓶、二氧化碳气瓶,必须进行特殊的干燥。( )

89. 对于氩气瓶的干燥必须经过加热真空处理,才能达到使用要求。( )

90. 特种气瓶的干燥,通常称为加热抽真空处理。( )

91. 特种气瓶的干燥,主要目的是脱除气瓶内壁吸附的水分和其他杂质气体。( )

92. 远红外线加热与干燥技术是一项节能的新技术。( )

93. 加热抽真空处理是将气瓶接于真空系统,并在瓶外用电炉或灯光照射。( )

94. 气瓶经过加热抽真空处理后,必须充入一定量的空气。( )

95. 气瓶底气的压力为 0.05～0.5 MPa。( )

96. 气瓶气密性试验是气瓶定期检验中的重要项目之一。( )

97. 气瓶气密性试验的目的是通过试验检查瓶体、瓶阀、易熔塞、盲塞以及瓶体与这些附件装配的气密性。( )

98. 气瓶气密性试验的目的也是防止气瓶在充装、储存、运输和使用时因漏气而发生事故。( )

99. 气瓶气密性试验用的介质可以是空气、氧气。( )

100. 气瓶气密性试验用的介质可以是与瓶内介质不相抵触的、对人体无害的、无腐蚀的非可燃气体。( )

101. 对于氧气瓶,试验用的气体绝对不准含有油脂。( )

102. 对于氧化性气体气瓶,试验用的气体绝对不准含有油脂。( )

103. 气密性试验的环境温度应不低于 15 ℃。( )

104. 气密性试验气瓶必须是经水压试验合格的。( )

105. 气瓶气密性试验必须分清气瓶公称工作压力级别,并按压力级别分别存放和充气。( )

106. 气密性试验气瓶的试验压力应小于气瓶的公称工作压力,不准超压试验。( )

107. 气密性试验气瓶充气应在水槽内进行。( )

108. 气密性试验系统不允许有泄漏缺陷存在。( )

109. 气密性试验气瓶在水中保压时间不少于 5 min。( )

110. 气密性试验方法分为浸水法和涂液法两种。( )

111. 露点仪操作过程是调节样品气的流速 350～400 mL/min,开大冷气降温,当要接近露点时,往回关冷气,保持每 2 秒跳 1 个尾数,待镜面出现哈气时,按下数显保持,记录下数值。

做好相关记录,填写质量证明书。(　　)

112. 氧化锆操作过程是缓慢调整样品气(氮气或氩气),保持流量在 500～550 mL/min (氮、氩标线)。当数显表停止跳动时,即为氧气含量值。(　　)

113. 气体分析过程中注意防止液氮冻伤。(　　)

114. 分析完毕后样品气一定要及时关闭,防止对室内空气造成污染。(　　)

115. 分析设备属于普通仪器,必须专人进行操作与维护。(　　)

116. 必须经常更换分析设备损坏的连接管和密封垫。(　　)

117. 化验员应熟悉并掌握化验设备的性能、安全常识等,并正确使用和保养。(　　)

118. 在取液氮、搬运液氮、倾倒液氮时必须用专用器皿并戴好防护镜和长皮手套,防止液氮喷溅及冻伤皮肤。(　　)

119. 搬运液态气体时应格外小心,要慢行,行程中应不断大声提示他人要远离自己(尤其是在门口及拐角处),注意防摔倒及与他人碰撞现象发生。(　　)

120. 倾倒液态气体时周围 10 m 内应无他人,在拿稳、拿住器皿前提下缓慢匀速进行倾倒,千万要防止液态气体飞溅或溢出而伤人现象发生。(　　)

121. 盛装液态气体的专用器皿要有防倾倒措施。(　　)

122. 化验过程中,千万要防止液态气体溅到身体上,避免造成冻伤。(　　)

123. 在搬运气瓶过程中,严禁出现磕碰、摔、抛、滚等违章搬运现象。(　　)

124. 化验员应注意不要将身体靠近发热设备,防止漏气烫伤。(　　)

125. 与工作无关的人员可以进入化验室。(　　)

126. 高浓度四氯化碳蒸气对黏膜有轻度刺激作用,对中枢神经系统有麻醉作用,对肝、肾有严重损害。(　　)

127. 吸入较高浓度四氯化碳蒸气,最初出现眼及上呼吸道刺激症状。随后可出现中枢神经系统抑制和胃肠道症状。(　　)

128. 吸入较高浓度四氯化碳蒸气,较严重病例数小时或数天后出现中毒性肝肾损伤。重者甚至发生肝坏死、肝昏迷或急性肾功能衰竭。(　　)

129. 吸入极高浓度四氯化碳蒸气,可迅速出现昏迷、抽搐,可因室颤和呼吸中枢麻痹而猝死。(　　)

130. 四氯化碳不会燃烧,但遇明火或高温易产生无毒的光气和氯化氢烟雾。(　　)

131. 眼睛接触四氯化碳需要提起眼睑,用流动清水或酒精冲洗,就医。(　　)

132. 吸入四氯化碳需要迅速脱离现场至空气新鲜处,保持呼吸道通畅。(　　)

133. 吸入四氯化碳如呼吸困难,给输氧,如呼吸停止,立即进行人工呼吸,就医。(　　)

134. 不慎食入四氯化碳立即饮少量温水、催吐、就医、洗胃。(　　)

135. 四氯化碳在潮湿的空气中逐渐分解成光气和氯化氢。(　　)

136. 四氯化碳燃烧有害产物是光气和氯化物。(　　)

137. 四氯化碳灭火方法是消防人员必须佩戴过滤式防毒面具(全面罩)或隔离式呼吸器、穿全身防火防毒服,在上风向灭火。(　　)

138. 四氯化碳采用的灭火剂是雾状水 、二氧化碳和砂土。(　　)

139. 四氯化碳泄漏应急处理方法是迅速撤离泄漏污染区人员至安全区,并进行隔离,严

格限制出入。(　　)

140. 四氯化碳泄漏应急处理人员应戴自给正压式呼吸器,穿普通工作服。(　　)

141. 四氯化碳泄漏应急处理人员不要直接接触泄漏物,尽可能切断泄漏源。(　　)

142. 四氯化碳小量泄漏处理方法是用活性炭或其他惰性材料吸收。(　　)

143. 四氯化碳大量泄漏处理方法是构筑围堤或挖坑收容,喷雾状水冷却和稀释蒸汽,保护现场人员,但不要对泄漏点直接喷水,用泵转移至槽车或专用收集器内,回收或运至废物处理场所处置。(　　)

144. 四氯化碳操作注意事项是开放式操作,加强通风。(　　)

145. 四氯化碳操作人员必须经过专门培训,严格遵守操作规程。(　　)

146. 建议四氯化碳操作人员佩戴直接式防毒面具(半面罩),戴安全护目镜,穿防毒物渗透工作服,戴普通手套。(　　)

147. 工作中要防止四氯化碳蒸气泄漏到工作场所空气中。(　　)

148. 工作中四氯化碳蒸气要避免与氧化剂、活性金属粉末接触。(　　)

149. 搬运时四氯化碳要轻装轻卸,防止包装及容器损坏。(　　)

150. 搬运时四氯化碳应配备泄漏应急处理设备,倒空的容器可能残留有害物。(　　)

151. 四氯化碳储存注意事项是储存于阴凉、通风的库房,远离火种、热源。(　　)

152. 四氯化碳库房温度不超过 45 ℃,相对湿度不超过 80%。(　　)

153. 存储四氯化碳的容器要保持密封,应与氧化剂、活性金属粉末、食用化学品分开存放,切忌混储。(　　)

154. 四氯化碳储存区应备有泄漏应急处理设备和合适的收容材料。(　　)

155. 四氯化碳监测方法是化学法。(　　)

156. 四氯化碳工程控制是生产过程密闭,加强通风。(　　)

157. 四氯化碳呼吸系统防护是空气中浓度超标时,应该佩戴直接式防毒面具(半面罩),紧急事态抢救或撤离时,佩戴空气呼吸器。(　　)

158. 四氯化碳使用的眼睛防护是戴安全护目镜。(　　)

159. 四氯化碳使用的身体防护是穿防毒物渗透工作服。(　　)

160. 四氯化碳使用的手防护是戴防化学品手套。(　　)

161. 四氯化碳的性质是无色无味的透明液体,极易挥发。(　　)

162. 四氯化碳相对于水的密度(水=1)为 1.50。(　　)

163. 四氯化碳的溶解性是微溶于水,易溶于多数有机溶剂。(　　)

164. 四氯化碳的主要用途是用于有机合成、制冷剂、杀虫剂,亦作有机溶剂。(　　)

165. 四氯化碳的禁配物是活性金属粉末、强氧化剂。(　　)

166. 四氯化碳废弃处置方法是用焚烧法处置,与燃料混合后,再焚烧,焚烧炉排出的卤化氢通过酸洗涤器除去。(　　)

167. 皮肤接触四氯化碳需要脱去污染的衣着,用肥皂水和清水彻底冲洗皮肤,就医。(　　)

168. 水压试验压力是为检验气瓶静压强度所进行的以水为介质的耐压试验压力。(　　)

169. 爆破压力是气瓶爆破过程中所达到的最小压力。(　　)

170. 屈服压力是气瓶在内压作用下,筒体材料开始沿壁厚开始屈服时的压力。(　　)

171. 为了便于运输,通常是把永久气体压缩到一定体积。(　　)

172. 瓶装气体就是用钢质或别的材质气瓶盛装气体。(　　)

173. 气瓶流动性大,往往又无固定使用地点,所以又把气瓶称为固定式压力容器。(　　)

174. 气瓶所使用的环境可能处在烈日下暴晒,也可能在高温下使用。(　　)

175. 无缝气瓶真空干燥装置运行前需要检查各仪表是否在有效期内。(　　)

176. 无缝气瓶真空干燥装置运行前需要检查各连接管路是否有泄漏。(　　)

177. 无缝气瓶真空干燥装置运行前需要检查真空泵油位是否油标中心。(　　)

178. 无缝气瓶真空干燥装置运行前需要将待干燥抽真空的气瓶与装置连接好。(　　)

179. 无缝气瓶真空干燥装置加热干燥时最好将温控器设定 150 ℃。(　　)

180. 无缝气瓶真空干燥装置运行经 1 h 左右温度升到 150 ℃,需要恒温一段时间。(　　)

181. 无缝气瓶真空干燥装置在干燥过程中,需要观察真空计,真空度应渐渐随着水蒸气的减少而提高,当真空度升至 5～4 Pa 时,可以认为基本干燥完毕。(　　)

182. 无缝气瓶真空干燥装置垫气前先停止加热,再将垫气阀开启,将管内空气抽出,并将垫气软管用瓶内气体置换 2～3 次。(　　)

183. 当无缝气瓶真空干燥装置压力已垫气至 0.5 MPa 时,将箱门打开冷却。(　　)

184. 当无缝气瓶真空干燥装置气瓶冷却到 60 ℃以下,将各瓶阀关闭,然后卸下其中一瓶,送去分析水含量是否合格,若合格,可全部卸下完成真空干燥工作。(　　)

185. 当无缝气瓶真空干燥装置运行完毕后,若气瓶分析不合格,则应重新加热真空干燥 2～3 h,直至合格为止。(　　)

186. 气瓶真空干燥过程中,注意一定要将气瓶瓶阀拧紧全开启,利用阀杆上部密封垫密封。(　　)

187. 需要检查运转中真空泵是否有异常声响。(　　)

188. 真空泵启动程序:前级泵启动,看真空表到－0.2 真空度,再启动罗茨泵。(　　)

189. 无缝气瓶真空干燥装置停机时先停罗茨泵,最后停止前级泵,严禁搞错停机程序。(　　)

190. 无缝气瓶真空干燥装置压力表 3 个月校验一次。(　　)

191. 随时保持气瓶真空干燥装置整洁,每次启动泵前检查泵油。(　　)

192. 随时对真空干燥装置出现的泄漏现象进行处理,对损坏的阀门、密封件等及时进行更换。(　　)

193. 定期检查真空干燥装置电控箱,保持良好的接地。(　　)

194. 待化验样品气瓶必须有防倾倒措施。(　　)

195. 氩气分析仪准备工作是将氩气分析仪接通电源,加热炉温度达到 700 ℃,分析电压升到 220 V 左右,启动电脑,达到正常状态连接好氩气瓶。(　　)

196. 露点仪准备工作是露点仪接通电源,先进行吹扫 2 小时,流速 600～800 mL/min。(　　)

197. 氧化锆分析仪准备工作是将氧化锆接通电源,炉温升到 760 ℃,连接好氮气(或氩气)连接管。(　　)

198. 操作真空干燥装置时防止烫伤。(　　)

199. 操作真空干燥装置时防止漏电伤人。(　　)

200. 操作真空干燥装置时防止违章操作损坏设备。(　　)

五、简 答 题

1. 气瓶气密性试验常用的介质是什么?
2. 气瓶气密性试验的环境温度是多少?
3. 气瓶气密性试验的试验压力是多少?
4. 气密性试验气瓶充气应在哪里进行?
5. 气密性试验气瓶在水中保压时间是多少?
6. 气密性试验方法分为哪几种?
7. 什么是变形?
8. 什么是实测最小壁厚?
9. 什么是容积变形实验?
10. 什么是外侧法容积变形实验?
11. 什么是内测法容积变形试验?
12. 什么是容积弹性变形?
13. 什么是容积残余变形?
14. 什么是容积残余变形率?
15. 什么是容积全变形?
16. 什么是安全性能试验?
17. 什么是气瓶宏观检查?
18. 什么是音响检查?
19. 什么是凹陷?
20. 什么是凹坑?
21. 什么是鼓包?
22. 什么是磕伤?
23. 什么是划伤?
24. 什么是裂纹?
25. 什么是夹层?
26. 什么是皱折?
27. 什么是环沟?
28. 什么是偏心?
29. 什么是歪底?
30. 什么是底部颈缩?
31. 什么是胖头?

32. 什么是尖头?
33. 什么是尖肩?
34. 什么是瓶底漏?
35. 什么是瓶口裂纹?
36. 什么是结疤?
37. 什么是外壁纵裂?
38. 什么是内壁纵裂?
39. 什么是纵向皱折?
40. 什么是直线度?
41. 什么是垂直度?
42. 什么是圆度?
43. 什么是腐蚀?
44. 什么是腐蚀产物?
45. 什么是初锈?
46. 什么是浮锈?
47. 什么是迹锈?
48. 什么是层锈?
49. 什么是点腐蚀?
50. 什么是线状腐蚀?
51. 什么是斑腐蚀?
52. 什么是局部腐蚀?
53. 什么是大面积均匀腐蚀?
54. 什么是复合缺陷?
55. 眼睛不慎接触四氯化碳怎么处理?
56. 不慎吸入少量四氯化碳挥发气体怎么处理?
57. 不慎吸入大量四氯化碳挥发气体造成呼吸困难怎么办?
58. 不慎食入四氯化碳怎么处理?
59. 四氯化碳燃烧有害产物是什么?
60. 四氯化碳采用的灭火剂是什么?
61. 四氯化碳灭火方法是什么?
62. 四氯化碳泄漏应急处理方法是什么?
63. 四氯化碳小量泄漏处理方法是什么?
64. 四氯化碳的主要用途是什么?
65. 四氯化碳废弃处置方法是什么?
66. 什么是水压试验压力?
67. 什么是爆破压力?
68. 什么是屈服压力?
69. 丙烷站内出现丙烷气体泄漏怎么处理?
70. 当出现丙烷气瓶着火时,怎么处理?

六、综 合 题

1. 氮气泄漏应急处理内容有哪些?
2. 氮气操作处置注意事项有哪些?
3. 氧气储存注意事项有哪些?
4. 气体充装台维护保养的注意事项有哪些?
5. 氧气瓶阀修理及更换前的准备工作有哪些?
6. 叙述泄完压后更换氧气瓶阀的具体操作步骤。
7. 叙述氩气充装操作时压力在未到达 5.0 MPa 之前的操作过程。
8. 叙述氩气充装压力在未到达 5.0 MPa 之前,出现卡具泄漏的处理方法。
9. 叙述氩气充装压力在未到达 5.0 MPa 之前,出现气瓶泄漏的处理方法。
10. 叙述氩气充装压力在到达 5.0 MPa 以上,到将气瓶送到重瓶区的具体操作过程。
11. 简要叙述氧气、氮气液体分装工艺过程。
12. 气瓶使用者应遵守的安全规定内容有哪些。
13. 氩气瓶修理及更换前的准备工作有哪些。
14. 叙述泄完压后修理氩气瓶阀的具体操作步骤。
15. 叙述泄完压后更换氩气瓶阀的具体操作步骤。
16. 手动低温露点仪运行前的准备工作有哪些。
17. 叙述氧化锆分析仪运行前的准备工作及启动检测操作过程。
18. 叙述手动低温露点仪操作过程。
19. 叙述氧化锆分析仪停机过程及注意事项。
20. 叙述手动低温露点仪停机过程及注意事项。
21. 分析设备维护保养的注意事项有哪些?
22. 分析管路堵塞的排除方法是什么?
23. 已知一气瓶的温度为 45 ℃,将其换算成华氏温度是多少?
24. 已知一气瓶的温度为 104 华氏温度,将其换算成摄氏温度是多少?
25. 已知一只 40 L 的氧气瓶,实测充装后压力为 14.5 MPa,试将该值换算成标准大气压是多少?
26. 请用理想气体状态方程式计算 40 L 气瓶在 14.5 MPa 下,可充装常压氮气多少立方米。
27. 已知白炽灯泡上标明 220 V,300 W,求这只灯泡里钨丝的电阻有多大?
28. 一个 40 L 的氮气瓶,充满压力为 14.5 MPa,温度为 37 ℃,问当压力降至 14.2 MPa 时,瓶内气体的温度为多少?
29. 接在电路中的某一电阻 R 上的电压为 5 V,其中电流 I 为 8 mA,问此电阻为多少 Ω?
30. 我们常说的 18 寸活扳手上刻着 450 mm,这是怎么换算出来的?
31. 在一个电路中,电压为 220 V,电阻为 4 400 Ω,求通过这只电阻的电流有多大?
32. 今测得空压机吸气腔的真空度为 $P_{真空}=190.4$ mmH_2O,当时的大气压为 $P_{大气}=735$ mmHg,问吸气腔的实际(绝对)压力 $P_{绝}$是多少?

33. 一个容积为 40 L 的氧气瓶,充满压力为 13.5 MPa(表压)时的温度为 37 ℃,问当压力降至 13.2 MPa 时瓶内气体的温度为多少?

34. 画出氧、氮液体分装工艺流程图。

35. 根据立体图补漏线,如图 1 所示。

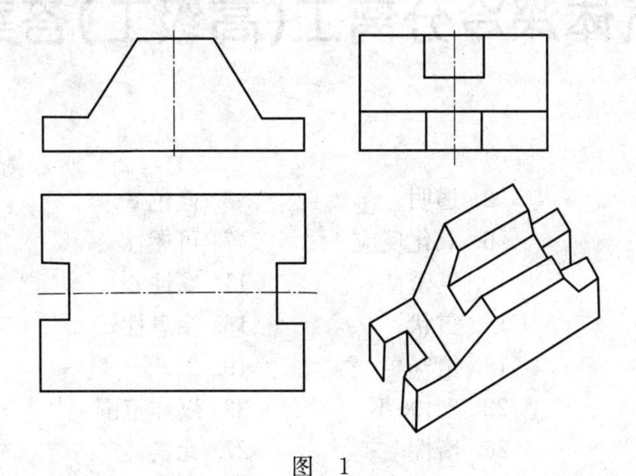

图 1

气体深冷分离工(高级工)答案

一、填 空 题

1. 矩形　2. 透明　3. 蓝色　4. 油脂
5. 氧化　6. 氧化反应　7. 可燃性　8. 混合
9. 压缩　10. 气密性　11. 腐蚀　12. 自然界
13. 0.97　14. 雪状　15. 窒息性　16. 缺氧
17. 易燃　18. 氩气　19. 2　20. 破坏
21. 爆炸　22. 3 400 K　23. 爆炸范围　24. 静电
25. 有毒物质　26. 惰性　27. 元素　28. 0.94
29. 毒性　30. 75%　31. 氯气　32. 毒性
33. 接触　34. $30\ mg/m^3$　35. 碳氢　36. 易燃
37. 碳酸气　38. 酸味　39. 碳酸　40. 压缩
41. 干冰　42. 分解　43. 缺氧　44. 超装
45. 刺激性　46. 黄绿色　47. 燃烧　48. 氧化剂
49. 消毒　50. 呼吸道　51. 有毒　52. 28%
53. 灼伤　54. 刺激性　55. 冷冻剂　56. 丙烷
57. 1.5～2　58. C_3H_8　59. 电石气　60. 窒息性
61. 杂质　62. 中毒　63. 唯一　64. 81%
65. 化工　66. 切割　67. 密度　68. 充装
69. 惰性　70. 海水　71. 相关　72. 有效期
73. 管路　74. 易燃物　75. 泄漏　76. 检测
77. 置换　78. 缓慢　79. 压力　80. 置换
81. 调整　82. 气体压力　83. 液体存量　84. 泄漏
85. 安全阀　86. 停止　87. 冻伤　88. 超过
89. 工作压力　90. 校验　91. 点腐蚀　92. 泄漏
93. 密封件　94. 抽真空　95. 检验　96. 液体
97. 电气焊　98. 置换　99. 正常　100. 泄漏
101. 可燃物　102. 1/2～2/3　103. 机械油　104. 有效期
105. 预冷　106. 卡滞　107. 排液管　108. 余气
109. 观察　110. 额定　111. 渗漏　112. 结冰
113. 曲轴箱　114. 接头　115. 转速　116. 规定
117. 异常　118. 阀门　119. 油位　120. 排气压力
121. 正常　122. 颠倒　123. 禁止　124. 油脂

125. 确认 126. 损坏 127. 剩余 128. 检验期限
129. 损伤 130. 泄压 131. 瓶嘴 132. 安全帽
133. 灵敏 134. 软管 135. 气源 136. 减压器
137. 倾倒 138. 700 ℃ 139. 4 h 140. 760 ℃
141. 样品气 142. 氧气含量 143. 液氮 144. 污染
145. 精密 146. 连接管 147. 性能 148. 喷溅
149. 摔倒 150. 液态气体 151. 器皿 152. 冻伤
153. 违章搬运 154. 发热 155. 严禁 156. 麻醉
157. 抑制 158. 中毒性 159. 抽搐 160. 剧毒
161. 流动 162. 呼吸道 163. 困难 164. 足量
165. 光气 166. 燃烧 167. 过滤式 168. 雾状水
169. 撤离 170. 正压式 171. 接触 172. 活性炭
173. 围堤 174. 密闭 175. 遵守 176. 直接式
177. 泄漏 178. 氧化剂 179. 容器 180. 残留
181. 阴凉 182. 30 ℃ 183. 密封 184. 收容
185. 色谱 186. 通风 187. 抢救 188. 护目境
189. 渗透 190. 化学品 191. 挥发 192. 1.60
193. 有机溶剂 194. 杀虫剂 195. 金属粉末 196. 焚烧法
197. 污染 198. 静压 199. 爆破 200. 壁厚

二、单项选择题

1.B 2.D 3.A 4.C 5.D 6.A 7.C 8.B 9.D
10.B 11.A 12.C 13.D 14.A 15.B 16.A 17.C 18.A
19.B 20.C 21.B 22.A 23.A 24.B 25.A 26.B 27.C
28.C 29.A 30.B 31.A 32.B 33.D 34.A 35.B 36.A
37.C 38.A 39.B 40.A 41.A 42.B 43.D 44.A 45.A
46.B 47.C 48.B 49.C 50.B 51.A 52.C 53.A 54.D
55.B 56.A 57.C 58.A 59.B 60.C 61.B 62.B 63.A
64.C 65.D 66.A 67.A 68.D 69.C 70.A 71.B 72.C
73.D 74.D 75.B 76.A 77.A 78.B 79.C 80.B 81.A
82.B 83.D 84.B 85.B 86.C 87.D 88.C 89.A 90.C
91.B 92.C 93.A 94.C 95.A 96.A 97.C 98.D 99.D
100.C 101.B 102.B 103.C 104.C 105.C 106.A 107.A 108.B
109.D 110.C 111.D 112.C 113.A 114.B 115.C 116.B 117.D
118.D 119.D 120.C 121.A 122.D 123.B 124.C 125.A 126.C
127.C 128.B 129.C 130.B 131.C 132.B 133.C 134.A 135.A
136.B 137.A 138.B 139.A 140.D 141.D 142.A 143.C 144.C
145.B 146.D 147.A 148.C 149.B 150.D 151.C 152.C 153.B
154.C 155.D 156.A 157.B 158.B 159.D 160.B 161.D 162.B

163. A 164. C 165. B 166. D 167. C 168. C 169. A 170. C 171. A
172. B 173. C 174. B 175. B 176. A 177. A 178. D 179. C 180. A
181. D 182. A 183. C 184. A 185. A 186. B 187. A 188. C 189. B
190. A 191. C 192. B 193. A 194. C 195. D 196. A 197. C 198. B
199. B 200. C

三、多项选择题

1. ABC 2. AB 3. ABC 4. ABD 5. ABD 6. ABC 7. AB
8. BCD 9. ABC 10. ABD 11. ABC 12. ACD 13. ABCD 14. ABCD
15. BC 16. ABCD 17. ABCD 18. ABC 19. AB 20. DBD 21. BCD
22. ABD 23. ABC 24. ABCD 25. ABC 26. ABD 27. ACD 28. ABD
29. AC 30. AD 31. AC 32. BC 33. BCD 34. BC 35. ABC
36. AC 37. ACD 38. CD 39. BD 40. BCD 41. ABD 42. BD
43. BCD 44. ACD 45. ABC 46. ACD 47. BC 48. CD 49. BD
50. BC 51. BD 52. AC 53. BD 54. BCD 55. BD 56. BC
57. CD 58. BCD 59. BC 60. BD 61. BC 62. ABCD 63. ABC
64. AB 65. ABC 66. ABC 67. CD 68. BCD 69. ABD 70. BCD
71. ABD 72. AB 73. ABC 74. AB 75. AD 76. AB 77. ABD
78. AD 79. AB 80. ABC 81. AB 82. AB 83. ABC 84. ABCD
85. BCD 86. ABCD 87. ABCD 88. AB 89. BCD 90. ACD 91. ACD
92. AC 93. BCD 94. ABC 95. ABD 96. BCD 97. CD 98. BD
99. BC 100. BC 101. BCD 102. CD 103. AD 104. CD 105. BCD
106. BD 107. BC 108. AB 109. BC 110. AD 111. BCD 112. CD
113. AB 114. BCD 115. AD 116. BD 117. ACD 118. ABC 119. BD
120. BD 121. AC 122. ACD 123. BCD 124. ABD 125. AC 126. BC
127. BCD 128. BC 129. CD 130. BC 131. ACD 132. ABD 133. BCD
134. ABD 135. BC 136. AC 137. BC 138. ABD 139. CD 140. BCD
141. BC 142. BCD 143. ABC 144. ACD 145. BC 146. BC 147. ACD
148. BCD 149. ABC 150. ABD 151. BCD 152. ACD 153. BCD 154. BC
155. ACD 156. ABC 157. BCD 158. BD 159. ACD 160. AD 161. ABCD
162. ACD 163. ABD 164. ABC 165. ACD 166. BCD 167. ACD 168. AC
169. ABCD 170. ABC 171. ABCD 172. ABCD 173. ABD 174. ABCD 175. AD
176. AC 177. ABCD 178. ABD 179. AB 180. ACD 181. ABCD 182. AC
183. ABC 184. BCD 185. ABC 186. ABD 187. ABC 188. ACD 189. ABC
190. BCD 191. ABD 192. BCD 193. ACD 194. ABD 195. ABCD

四、判 断 题

1. × 2. √ 3. √ 4. √ 5. √ 6. × 7. × 8. √ 9. ×
10. √ 11. √ 12. √ 13. × 14. √ 15. × 16. √ 17. √ 18. √

19. × 20. √ 21. × 22. √ 23. √ 24. √ 25. × 26. × 27. √
28. √ 29. × 30. √ 31. √ 32. √ 33. × 34. √ 35. √ 36. √
37. √ 38. √ 39. √ 40. × 41. × 42. √ 43. √ 44. √ 45. √
46. × 47. √ 48. √ 49. × 50. √ 51. √ 52. √ 53. √ 54. ×
55. √ 56. √ 57. × 58. √ 59. √ 60. √ 61. √ 62. × 63. √
64. × 65. √ 66. √ 67. × 68. √ 69. √ 70. × 71. √ 72. √
73. √ 74. × 75. √ 76. √ 77. √ 78. √ 79. × 80. √ 81. ×
82. √ 83. √ 84. √ 85. √ 86. √ 87. √ 88. × 89. √ 90. √
91. √ 92. √ 93. × 94. × 95. × 96. √ 97. √ 98. √ 99. ×
100. √ 101. √ 102. √ 103. × 104. √ 105. √ 106. × 107. √ 108. √
109. × 110. √ 111. √ 112. × 113. √ 114. √ 115. × 116. √ 117. √
118. √ 119. √ 120. × 121. √ 122. √ 123. √ 124. √ 125. × 126. √
127. √ 128. √ 129. √ 130. × 131. × 132. √ 133. √ 134. × 135. √
136. √ 137. √ 138. √ 139. √ 140. × 141. √ 142. √ 143. × 144. ×
145. √ 146. × 147. √ 148. √ 149. √ 150. √ 151. √ 152. × 153. √
154. √ 155. × 156. √ 157. √ 158. √ 159. √ 160. √ 161. × 162. ×
163. √ 164. √ 165. √ 166. √ 167. √ 168. √ 169. × 170. × 171. √
172. √ 173. × 174. √ 175. √ 176. √ 177. √ 178. √ 179. × 180. ×
181. √ 182. √ 183. × 184. √ 185. √ 186. √ 187. √ 188. × 189. √
190. × 191. √ 192. √ 193. √ 194. √ 195. × 196. × 197. √ 198. √
199. √ 200. √

五、简 答 题

1. 答:可以是空气、氮气(2 分),也可以是与瓶内介质不相抵触的、对人体无害的、无腐蚀的非可燃气体(3 分)。

2. 答:环境温度应不低于 5 ℃(5 分)。

3. 答:应等于气瓶的公称工作压力(2 分),不准超压试验(3 分)。

4. 答:应在水槽内进行(5 分)。

5. 答:不少于 1 min(5 分)。

6. 答:分为浸水法(2 分)和涂液法两种(3 分)。

7. 答:是金属材料在外力作用下(2 分)所引起的尺寸和形状的变化(3 分)。

8. 答:是指瓶体均匀腐蚀处(2 分)测得壁厚的最小值(3 分)。

9. 答:是用水压试验方法(2 分)测定气瓶容积变形的试验(3 分)。

10. 答:是用水套法从气瓶外侧(2 分)测定容积变形的试验(3 分)。

11. 答:是从气瓶内侧测定(2 分)容积变形的试验(3 分)。

12. 答:是瓶体在水压试验压力卸除后(2 分)能恢复的容积变形(3 分)。

13. 答:是瓶体在水压试验压力卸除后(2 分)不能恢复的容积变形(3 分)。

14. 答:是瓶体容积残余变形(2 分)对容积全变形的百分比(3 分)。

15. 答:是气瓶在水压试验压力下的总容积变形(2 分),其值为容积弹性变形与容积残余变形之和(3 分)。

16. 答:是为检验气瓶安全性能(2 分)所进行的各项试验的统称(3 分)。

17. 答:是泛指内外表面宏观形状(2 分)、形位公差及其他表面可见缺陷的检查(3 分)。

18. 答:是按照有关标准规定敲击气瓶(2 分),以音响特征判别瓶体品质的检验(3 分)。

19. 答:是气瓶瓶体因钝状物撞击或挤压造成壁厚(2 分)无明显变化的局部塌陷变形(3 分)。

20. 答:是由于打磨、磨损、氧化皮脱落(2 分)或其他非腐蚀原因造成的瓶体局部壁厚减薄、表面浅而平坦的凹坑状缺陷(3 分)。

21. 答:是气瓶外表面突起、内表面塌陷(2 分),壁厚无明显变化的局部变形(3 分)。

22. 答:是因尖锐锋利物体撞击或磕碰,造成瓶体局部金属变形及壁厚减薄(2 分),且在表面留下底部是尖角、周边金属凸起的小而深的坑状机械缺陷(3 分)。

23. 答:因尖锐锋利物体划、擦造成瓶体局部壁厚减薄(2 分),且在瓶体表面留下底部是尖角的线状机械损伤(3 分)。

24. 答:是瓶体材料因金属原子结合遭到破坏(2 分),形成新界面而产生的裂缝(3 分)。

25. 答:泛指重皮、折叠、带状夹杂等层片状几何不连续(2 分),它是由冶金或制造等原因造成的裂纹性缺陷(3 分)。

26. 答:是无缝气瓶收口时因金属挤压在瓶颈及其附近内壁形成(2 分)的径向的密集皱纹或折叠(3 分)。

27. 答:是位于瓶体内壁(2 分),因冲头严重变形引起的径线不圆滑转折(3 分)。

28. 答:是气瓶筒体的外圆与内圆不同心(2 分)形成壁厚偏差(3 分)。

29. 答:是瓶底歪斜偏离(2 分)筒体中心线的变形(3 分)。

30. 答:是气瓶筒体下部(2 分)沿圆周形成环状凹陷的变形(3 分)。

31. 答:是气瓶筒体上部(2 分)沿圆周形成环状鼓包的变形(3 分)。

32. 答:是气瓶筒体上部(2 分)约 1/4 高度一段的外径小于筒体下部的变形(3 分)。

33. 答:是气瓶筒体与瓶肩(2 分)未形成圆滑过渡而出现棱角的变形(3 分)。

34. 答:是瓶底因钢坯中缩孔未切尽在反挤时未能熔合、钢管收底温度低未焊合(2 分)或夹有氧化皮、瓶底裂纹扩展、凹坑锈串等造成的泄漏缺陷(3 分)。

35. 答:是瓶口内部形成的裂纹缺陷(5 分)。

36. 答:是气瓶外表被氧化皮碎渣黏附(2 分)或氧化皮脱落形成的坑疤等缺陷(3 分)。

37. 答:是瓶体外壁沿纵向出现深度不同的纵向裂纹(2 分)或底部裂纹缺陷(3 分)。

38. 答:是瓶体内壁沿纵向或斜向出现深度不同的纵向裂纹(2 分)或底部裂纹缺陷(3 分)。

39. 答:是由于制造工艺等原因(2 分)在气瓶外表面形成的纵向直线状的深痕(3 分)。

40. 答:是气瓶筒体弯曲的程度(5 分)。

41. 答:是气瓶直立时与地面的垂直程度(5 分)。

42. 答:是气瓶筒体偏离正圆的程度(5 分)。

43. 答:是金属和合金由于外部介质的化学作用(2 分)或电化学作用而引起的破坏(3 分)。

44. 答:是金属与外部介质互起作用时形成的化合物(5 分)。

45. 答:是金属光泽消失(2分),仅呈现灰暗迹象(3分)。

46. 答:是表面呈现黄色、淡红色或细粉末状的锈迹(5分)。

47. 答:是表面呈现红褐色或淡赭色或黄色(2分),为堆状粉末(3分)。

48. 答:是表面呈黑色、片状锈层或凸起锈斑(5分)。

49. 答:是腐蚀表面长径及腐蚀部位密集程度(2分)均未超过有关标准规定的孤立坑状腐蚀(3分)。

50. 答:是由腐蚀点连成的线状沟痕(2分)或由腐蚀点构成的链状腐蚀缺陷(3分)。

51. 答:是腐蚀表面呈现斑疤(2分)密集坑状腐蚀缺陷(3分)。

52. 答:是腐蚀表面平坦(2分)且腐蚀面积未超过有关标准规定的小面积腐蚀缺陷(3分)。

53. 答:是瓶体表面覆盖面积较大(2分)而且较平整的腐蚀(3分)。

54. 答:是由两种或两种以上缺陷叠加(2分)在一起的缺陷(3分)。

55. 答:需要提起眼睑(2分),用流动清水或生理盐水冲洗,就医(3分)。

56. 答:吸入四氯化碳需要迅速撤离现场至空气新鲜处(2分),保持呼吸道通畅(3分)。

57. 答:吸入四氯化碳如呼吸困难,给输氧(2分),如呼吸停止,立即进行人工呼吸,就医(3分)。

58. 答:不慎食入四氯化碳立即饮足量温水、催吐(2分),就医、洗胃(3分)。

59. 答:四氯化碳燃烧有害产物(2分)是光气和氯化物(3分)。

60. 答:四氯化碳采用的灭火剂是雾状水、二氧化碳和砂土(5分)。

61. 答:是消防人员必须佩戴过滤式防毒面具(全面罩)或隔离式呼吸器(2分)、穿全身防火防毒服,在上风向灭火(3分)。

62. 答:是迅速撤离泄漏污染区人员至安全区(2分),并进行隔离,严格限制出入(3分)。

63. 答:是用活性炭(2分)或其他惰性材料吸收(5分)。

64. 答:用于有机合成、制冷剂、杀虫剂,亦作有机溶剂(5分)。

65. 答:用焚烧法处置(2分),与燃料混合后,再焚烧,焚烧炉排出的卤化氢通过酸洗涤器除去(3分)。

66. 答:是为检验气瓶静压强度所进行(2分)的以水为介质的耐压试验压力(3分)。

67. 答:是气瓶爆破过程中(2分)所达到的最高压力(5分)。

68. 答:是气瓶在内压作用下(2分),筒体材料开始沿壁厚全屈服时的压力(3分)。

69. 答:应及时关闭送气阀门并打开排风扇(2分),查出泄漏点并及时处理泄漏点(3分)。

70. 答:应立即关闭瓶阀。如果无法靠近可用大量冷水喷射,使瓶体降温(2分),然后关闭瓶阀,切断气源灭火,同时应防止着火的气瓶瓶体倾倒(3分)。

六、综 合 题

1. 答:迅速撤离泄漏污染区人员至上风处,并进行隔离,严格限制出入(2分)。建议应急处理人员戴自给正压式呼吸器,穿一般作业工作服(2分)。尽可能切断泄漏源(2分)。合理通风,加速扩散(2分)。漏气容器要妥善处理,修复、检验后再用(2分)。

2. 答:密闭操作。密闭操作,提供良好的自然通风条件(2分)。操作人员必须经过专门培训,严格遵守操作规程(2分)。防止气体泄漏到工作场所空气中(2分)。搬运时轻装轻卸,防止钢瓶及附件破损(2分)。配备泄漏应急处理设备(2分)。

3. 答:避免和还原性物质共存(2 分),仓储地点距可燃物、道路、建筑,电器设备的安全距离应符合规范规定(2 分)。通风良好库房应有避雷设施(2 分)。严禁烟火,配备相应品种和数量的消防器材(2 分),大于 10 m^3 的低温液体容器不能放在室内(2 分)。

4. 答:(1)定期校验压力表、安全阀(3 分)。

(2)及时更换老化、损坏的充装软管及附件(3 分)。

(3)发现管道、阀门泄漏立即处理(4 分)。

5. 答:氧气瓶阀修理及更换操作必须指定专人负责,指挥其他配合人员共同完成(2 分)。负责人及配合人员在工作前,必须用肥皂将手洗干净(2 分),由负责人先用四氯化碳清洗氧气瓶阀、零件、工具及盛水容器(2 分),再用热水清洗干净,在修理和更换氧气瓶阀时只允许负责人触摸新瓶阀及零件,其他配合人员则不能触摸(2 分)。全部参加人员如需戴手套,必须是新的干净手套,由负责人检查(2 分)。

6. 答:对已经泄完压的气瓶,卸下安全帽,放倒氧气瓶,两人配合用专用扳手和链钳将瓶阀卸下(2 分),用盛水容器往气瓶中加入约 200 mL 干净自来水,防止干燥、高压、快速的氧气充装时瓶内杂质产生静电引发爆炸(2 分),提高气瓶充装的安全系数(2 分)。由负责人对新瓶阀缠生料带,并将新瓶阀拧到氧气瓶上(2 分)。将瓶阀紧到约剩 3 扣止,由负责人确认。如瓶阀紧到约剩 3 扣止时,仍不能满足紧固强度时,要及时上报处理(2 分)。

7. 答:(1)必须穿戴符合要求的劳保用品(1 分)。

(2)确认已经检查合格的待充装气瓶(1 分)。

(3)将合格的瓶号登记在规定的充装记录上(1 分)。

(4)将登记好的气瓶运到充装台上,并用链子锁好,要求一只一锁,并将瓶嘴方向与防错卡具接头相对应,便于连接(1 分)。

(5)将待充装的气瓶与充装台的卡具接好,注意每瓶卡具都不能卡死,应保留一扣间距(2 分)。

(6)缓慢打开充装台上的高压阀后,再缓慢打开准备充装汇流排管道上的高压阀门进行置换连接管内气体(2 分)。

(7)气体从卡具连接处出来后 30～60 s,完成置换后将卡具拧紧,将与卡具接好的气瓶阀门全部打开,让压力慢慢上升到 5.0 MPa(2 分)。

8. 答:处理卡具泄漏具体方法是:先关闭该气瓶对应的汇流排上的充装阀(2 分),然后关闭气瓶阀(2 分),将防错卡具缓慢打开 1/4 扣泄压(3 分),再将卡具重新连接(3 分)。

9. 答:处理气瓶泄漏具体步骤是:先关闭该气瓶对应的汇流排上的充装阀(2 分),然后关闭气瓶阀(2 分),将防错卡具缓慢打开 1/4 扣泄压(2 分),更换新的气瓶,将更换下来的气瓶送到待修区(2 分),禁止在充装区修理气瓶(2 分)。

10. 答:(1)当压力达到 5.0 MPa 以上时,充装人员应离开充装现场到操作间通过压力表观察压力变化(1 分)。

(2)气瓶充装压力达到规定值时,关闭该汇流排进气阀门,立即打开第二组已准备好的汇流排进口阀门(1 分)。

(3)关闭已经充完的气瓶上的气瓶阀(2 分)。

(4)在卸去气瓶卡具之前,打开放空阀,并查看汇流排压力表,注意要等到汇流排压力归 0 时,方可进行卸瓶操作(2 分)。

(5)每排必须抽检 1 瓶送到化验室检验,检验合格后,方可打开气瓶防护链。将充完的气瓶送到重瓶存放区(2 分)。

(6)将充完合格的气瓶送到重瓶存放区,粘贴质量合格证(2 分)。

11. 答:氧、氮气产品的主要原材料是外购液氧、液氮,工艺过程是用槽车将液氧、液氮运到公司,加入到公司的低温液氧、液氮贮槽中(2 分),然后,经过排液阀到低温液体泵加压后,进入到汽化器中进行汽化,汽化后的氧、氮气分两路(2 分),一路进入到氧、氮气罐中,在由氧、氮气罐出来经过管道直接送到公司内生产单位使用(3 分)。另一路进入到氧、氮气充装台进行充瓶,充装后的瓶装氧、氮气再用叉车叉气瓶架将其送到公司内各生产单位使用(3 分)。

12. 答:(1)严格按照有关安全使用规定正确使用气瓶(2 分)。

(2)不得对气瓶瓶体进行焊接和更改气瓶的钢印或者颜色标记(2 分)。

(3)不得使用超过检验周期或已报废的气瓶(2 分)。

(4)不得将气瓶内的气体向其他气瓶倒装或直接由罐车对气瓶进行充装 (2 分)。

(5)不得自行处理气瓶内的残液(2 分)。

13. 答:指定负责人,瓶阀修理与更换前进行氩气瓶泄压:先将氩气瓶瓶帽卸下,再将阀杆打开(2 分),将瓶内气体释放干净(2 分)。同时打开瓶阀阀盖一圈(2 分),强行将瓶阀阀芯上提,离开阀座密封面泄压(2 分),检验气瓶是否还存有余气,由负责人确认无压后方可继续进行下一步工作(2 分)。

14. 答:修理氩气瓶阀:将压盖整体卸下,将零件一一拆开(2 分),负责人对损坏的零件进行更换,并组装到阀体上(2 分),注意检查密封垫的磨损程度(2 分),必要时更换,进行紧固后(2 分),带上氩气瓶帽,将氩气瓶送到空瓶区进行下一步置换或抽真空工作(2 分)。

15. 答:更换氩气瓶阀:放倒氩气瓶,两人配合用专用扳手和链钳将瓶阀卸下(2 分),由负责人对新瓶阀缠生料带(2 分),并将新瓶阀拧到氮气瓶上(2 分)。将瓶阀紧到约剩 3 扣止,由负责人确认(2 分),将氩气瓶送到空瓶区进行下一步置换或抽真空工作(2 分)。

16. 答:露点仪接通电源,进行吹扫 4 小时,流速 600～800 mL/min(2 分);接好冷气用的氮气,调压至 2～3 kg(2 分);用液氮瓶接好液氮,用冷气调节阀放出微量氮气(2 分),将盘管放入液氮瓶内;接好氮气、氩气或三元气等需要检测露点的气瓶连接管及卡具(2 分),如阴雨天用干布或棉花将瓶嘴擦干净再连接(2 分)。

17. 答:(1)氧化锆分析仪准备过程:将氧化锆分析仪接通电源,炉温升到 760 ℃,查看氧气含量正常后,连接好氮气(或氩气)连接管(5 分)。

(2)氧化锆分析仪检测操作过程:缓慢调整样品气(氮气或氩气),保持流量在 300～350 mL/min(氮、氩标线),当数显表停止跳动时,即为氧气含量值(5 分)。

18. 答:(1)调节样品气的流速流速 600～800 mL/min 吹扫 5～10 min,再调至 350～400 mL/min(2 分)。

(2)开大冷气降温,当要接近露点时,往回关冷气,保持每 2 秒跳 1 个尾数,待镜面出现哈气时,按下数显保持,记录下数值。相关做好记录,填写质量证明书(2 分)。

(3)卸下样品气连接管及卡具,关闭冷气总阀,待压力表归零时,全开氮气瓶压力调节阀(3 分)。

(4)从液氮罐中取出盘管,将液氮瓶中氮气倒掉(3 分)。

19. 答:氧化锆停机过程:(1)关闭样品气(2 分)。

(2)长期不用关闭电源,否则 24 h 打开电源,因为频繁启动会使加热炉损坏(2 分)。

注意事项:(1)分析完毕后样品气一定要及时关闭,防止对室内空气造成污染(3 分)。

(2)操作顺序不能颠倒(3 分)。

20. 答:露点仪停机过程:(1)关闭样品气,将样品气瓶防回到指定地点(2 分)。

(2)关闭辅助氮气(2 分)。

(3)关闭电源(2 分)。

注意事项:(1)分析完毕后样品气一定要及时关闭,防止对室内空气造成污染(2 分)。

(2)操作顺序不能颠倒(2 分)。

21. 答:(1)分析设备属于精密仪器,必须专人进行操作与维护(2 分)。

(2)分析人员做好日常保养工作(2 分)。

(3)必须经常更换损坏的连接管和密封垫(3 分)。

(4)分析过程中随时出现问题,随时进行解决,解决不了立即,请专业技术人员处理(3 分)。

22. 答:(1)将堵塞部分拆卸下来,用氮气吹(3 分)。

(2)如遇冰堵,必须将管路放在室温中缓慢融化,然后再用氮气吹(3 分)。

(3)更换堵塞管路(4 分)。

23. 解:若用 t 表示摄氏温度,t(℉)表示华氏温度。

已知 $t=45$ ℃,根据换算公式 t(℉)$=9/5\times t+32$ (5 分)得:

t(℉)$=(9/5)\times 45+32=113$(℉)(5 分)

答:将其换算成华氏温度是 113 ℉。

24. 解:若用 T 表示摄氏温度,t(℉)表示华氏温度。

已知 t(℉)$=104$,根据换算公式 t(℉)$=9/5\times t+32$(5 分)得:

$T=(t$(℉)$-32)\times(5/9)=(104-32)\times(5/9)=40$(℃)(5 分)

答:将其换算成摄氏温度是 40 ℃。

25. 解:已知公称工作压力为 14.5 MPa,又因为 1 atm=0.101 325MPa(5 分)

所以换算成标准大气压为 14.5÷0.101 325=143.1(atm)(5 分)

答:将该值换算成标准大气压是 143.1 atm。

26. 解:一定质量的理想气体状态为 $P_1V_1/T_1=P_2V_2/T_2$

已知 $P_1=14.5+0.1=14.6$ MPa,$V_1=40$ L$=0.04$ m^3,假设充装过程中氮气温度不变,即 $T_1=T_2$,常压下氮气 $P_2=0.1$ MPa,(5 分)因此可充装常压下氮气的体积

$V_2=(P_1/P_2)\times V_1=(14.6/0.1)\times 0.04=5.84$(m^3)(5 分)

答;40 L 气瓶在 14.5 MPa 下可充装 5.84 m^3 常压氮气。

27. 解:已知:$W=300$ W ,$U=220$ V,由 $W=U\times I$,$I=U/R$(5 分)得:

$R=U\times U/W=220\times 220\div 300=161.33$(Ω)(5 分)

答:灯泡钨丝的电阻为 161.33 Ω。

28. 解:氮气瓶容积不变,并假设该气瓶不漏气,重量 G 不变,则有:

$P/T=R$(常数),即 $P_1/T_1=P_2/T_2$

因为 $P_1=14.5+0.1=14.6$(MPa),$T_1=37+273=310$(K)

$P_2=14.2+0.1=14.3$(MPa)(5 分)

所以 $T_2=P_2\times T_1/P_1=14.3\times 310\div 14.6\approx 303.6(K)=303.6-273=30.6$ ℃(5 分)

答:瓶内气体的温度为 30.6 ℃。

29. 解：已知：$U=5(\mathrm{V})$，$I=8\times1\div1\ 000(\mathrm{A})$。

根据欧姆定律：$R=U/I$（5 分）

则有 $R=U/I=5/(8\times0.001)=625(\Omega)$（5 分）

答：此电阻为 625 Ω。

30. 解：我们常说的 18 寸活扳手，实际上是 18 英寸，1 英寸＝25.4 mm≈25 mm（5 分）

因此 10 寸活扳手总长＝25 mm×18＝450 mm（5 分）

就是这样换算出来的。

31. 解：已知 $U=220$ V，$R=1\ 100$ Ω。

根据 $I=U/R$（5 分）得：

$I=U/R=220\div4\ 400=0.05(\mathrm{A})$（5 分）

答：通过这只电阻的电流有 0.05 A。

32. 解：已知：$P_{大气}=735$ mmHg，

$P_{真空}=190.4\ \mathrm{mmH_2O}=190.4/13.6\ \mathrm{mmHg}=14\ \mathrm{mmHg}$（5 分）

$P_{绝}=P_{大气}-P_{真空}=735-14=721$ mmHg（5 分）

答：吸气腔的实际压力是 721 mmHg。

33. 解：氧气瓶的容积不变，并假定该氧气瓶不漏气，重量 G 不变，则有

$P/T=R$（常数），即 $P_1/T_1=P_2/T_2$（5 分）

$(13.5+0.098)/(273+37)=(13.2+0.098)/T_2$

得 $T_2\approx303$ K

$t_2=T_2-273=303-273=30(℃)$（5 分）

答：温度为 30 ℃。

34. 答：氧、氮液体分装工艺流程图如图 1 所示。（每步 1 分，共 10 分）

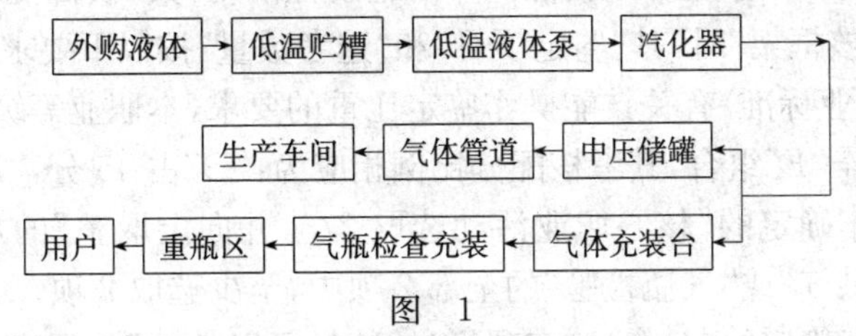

图 1

35. 答：如图 2 所示。（主视图 2 分，俯视图 8 分，共 10 分）

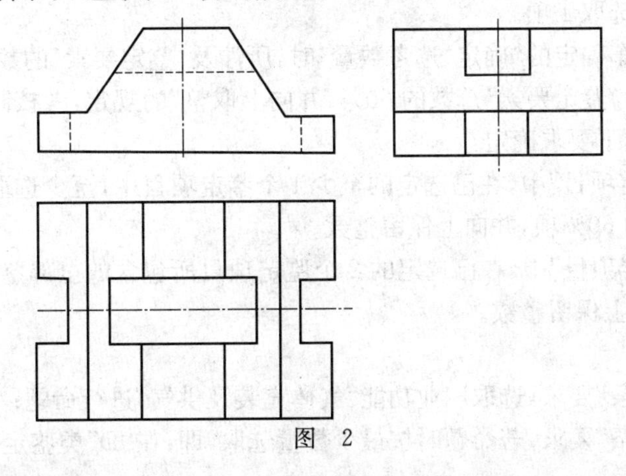

图 2

气体深冷分离工(初级工)技能操作考核框架

一、框架说明

1. 依据《国家职业标准》注,以及中国中车确定的“岗位个性服从于职业共性”的原则,提出气体深冷分离工(初级工)技能操作考核框架(以下简称:技能考核框架)。

2. 本职业等级技能操作考核评分采用百分制。即:满分为 100 分,60 分为及格,低于 60 分为不及格。

3. 实施“技能考核框架”时,考核制件(活动)命题可以选用本企业的加工件(活动项目),也可以结合实际另外组织命题。

4. 实施“技能考核框架”时,考核的时间和场地条件等应依据《国家职业标准》,并结合企业实际确定。

5. 实施“技能考核框架”时,其“职业功能”的分类按以下要求确定:

(1) 根据《国家职业标准》要求,技能考核时,应根据申报情况在“气体充装及供气”、“气瓶检验”两个职业功能中选择其一进行考评。

(2) “气体充装及供气”、“气瓶检验”属于本职业等级技能操作的核心职业活动,其“项目代码”为“E”。

(3)“工艺准备”属于本职业等级技能操作的辅助性活动,其“项目代码”为“D”。

6. 实施“技能考核框架”时,其“鉴定项目”和“选考数量”按以下要求确定:

(1)按照《国家职业标准》有关技能操作鉴定比重的要求,本职业等级技能操作考核制件的“鉴定项目”应按“D”+“E”组合,其考核配分比例相应为:“D”占 45 分,“E”占 55 分。

(2)依据中国中车确定的“核心职业活动选取 2/3,并向上取整”的规定,在“E”类鉴定项目——“气体充装及供气”或“气瓶检验”的全部 2 项中,至少选取 2 项。

(3)依据中国中车确定的“其余‘鉴定项目’的数量可以任选”的规定,“D”类鉴定项目——“工艺准备”中,至少选取 1 项。

(4)依据中国中车确定的“确定‘选考数量’时,所涉及‘鉴定要素’的数量占比,应不低于对应‘鉴定项目’范围内‘鉴定要素’总数的 60%,并向上取整”的规定,考核制件(活动)的鉴定要素“选考数量”应按以下要求确定:

①在“D”类“鉴定项目”中,在已选定的至少 1 个鉴定项目中,至少选取已选鉴定项目所对应的全部鉴定要素的 60%项,并向上保留整数。

②在“E”类“鉴定项目”中,在已选定的 2 个鉴定项目所包含的全部鉴定要素中,至少选取总数的 60%项,并向上保留整数。

举例分析:

按照上述“第 5 条”要求,选取职业功能“气体充装及供气”进行命题;

按照上述“第 6 条”要求,若命题时按最少数量选取,即:在“D”类鉴定项目中的选取了“充

装及供气工艺准备”1 项,在“E”类鉴定项目中选取了“充装及供气工艺操作”、“设备维护”2 项,则:

此考核制件所涉及的“鉴定项目”总数为 3 项,具体包括:“充装及供气工艺准备”、“充装及供气工艺操作”、“设备维护”;

此考核制件所涉及的鉴定要素“选考数量”相应为 15 项,具体包括:“充装及供气工艺准备”鉴定项目包含的全部 9 个鉴定要素中的 6 项,“充装及供气工艺操作”、“设备维护”2 个鉴定项目包括的全部 14 个鉴定要素中的 9 项。

7. 本职业等级技能操作需要两人及以上共同作业的,可由鉴定组织机构根据“必要、辅助”的原则,结合实际情况确定协助人员的数量。在整个操作过程中,协助人员只能起必要、简单的辅助作用。否则,每违反一次,至少扣减应考者的技能考核总成绩 10 分,直至取消其考试资格。

8. 实施“技能考核框架”时,应同时对应考者在质量、安全、工艺纪律、文明生产等方面行为进行考核。对于在技能操作考核过程中出现的违章作业现象,每违反一项(次)至少扣减技能考核总成绩 10 分,直至取消其考试资格。

注:按照中国中车规定,各《职业技能操作考核框架》的编制依据现行的《国家职业标准》或现行的《行业职业标准》或现行的《中国中车职业标准》的顺序执行。

二、气体深冷分离工(初级工)技能操作鉴定要素细目表

职业功能	鉴定项目				鉴定要素		
	项目代码	名称	鉴定比重(%)	选考方式	要素代码	名称	重要程度
工艺准备	D	充装及供气工艺准备	45	任选	001	能检查气瓶制造生产许可证编号、气瓶钢印标记的内容、外表面颜色标记、损伤缺陷情况、瓶阀的出口螺纹形式、安全附件	Y
					002	能逐只鉴别气瓶内有无剩余压力	X
					003	能检查盛装氧气或强氧化性气体的气瓶沾染油脂或其他可燃物的情况	X
					004	能检查并确认低温液体泵及汽化器气体出口控制装置处于正常状态	Y
					005	能完成低温液体泵的预冷操作	Y
					006	能检查并确认所有的阀门处于正常的开闭状态	Y
					007	能检查储槽压力、液位	Y
					008	能完成低温液体泵的轴密封气的处理	Y
					009	能检查并确认汇流排的参数处于正常状态	X
		检验准备			001	能检查气瓶制造生产许可证编号、气瓶钢印标记的内容、外表面颜色标记、损伤缺陷情况、瓶阀的出口螺纹形式、安全附件	Y
					002	能逐只鉴别气瓶内残气的种类	Y
					003	能检查盛装氧气或强氧化性气体的气瓶沾染油脂或其他可燃物的情况,能清理内、外表面污垢、腐蚀物及外表面的疏松漆皮	Y
					004	能准备测量工具卡具	Y

续上表

职业功能	鉴定项目				鉴定要素		
	项目代码	名称	鉴定比重（%）	选考方式	要素代码	名　称	重要程度
工艺准备	D	检验准备	45	任选	005	能准备喷漆、喷字及打钢印工具	Y
					006	能检查卸瓶阀机、装卸防震圈机、自动倒水机及内窥镜是否好用	X
					007	能完成水压试验用水的准备	X
					008	能将气瓶现状情况进行记录	Y
气体充装及供气	E	充装及供气工艺操作	55	必选	001	能进行装卸气瓶的操作	X
					002	能缓慢开关瓶阀并能切换充装排、汇流排	X
					003	能检查气瓶温度和压力	X
					004	能检查气瓶是否出现鼓包变形、泄漏等严重缺陷	X
					005	能控制气瓶的充装流量、流速和气瓶的充装时间	X
					006	能检查气瓶警示标签、合格证	Y
					007	能进行低温液体罐的操作	X
					008	能进行低温液体泵的操作	X
					009	能控制低温液体汽化器出口流体温度不低于 0 ℃	X
					010	能对充装或供气情况进行记录	X
		设备维护			001	能检漏相关管道	Z
					002	能更换充气或供气阀门零件	Z
					003	能更换气瓶阀门零件	Z
					004	能处理被冻结的阀门	Z
气瓶检验		检验操作	55	必选	001	能进行气瓶外观检查	X
					002	能进行气瓶内部检查	X
					003	能进行气瓶音响检查	X
					004	能进行气瓶内清洗和脱脂工作	X
					005	能进行水压试验充水、测水温及环境温度的工作	X
					006	能进行装卸防震圈的工作	Y
					007	能进行除锈喷漆工作	Y
					008	能对以上气瓶检验的结果进行判断并记录	Y
		设备维护			001	能进行管道及装置内部的清理工作	Z
					002	能进行水压机安置及管道铺设的工作	Z

注：重要程度中 X 表示核心要素，Y 表示一般要素，Z 表示辅助要素。下同。

气体深冷分离工(初级工)
技能操作考核样题与分析

职 业 名 称：________________

考 核 等 级：________________

存 档 编 号：________________

考核站名称：________________

鉴定责任人：________________

命题责任人：________________

主管负责人：________________

中国中车股份有限公司劳动工资部制

职业技能鉴定技能操作考核制件图示或内容

气体充装及供气

一、工艺准备

(1)任选2只氧气瓶,进行如下操作:

1. 检查气瓶制造生产许可证编号、气瓶钢印标记的内容、外表面颜色标记、损伤缺陷情况、瓶阀的出口螺纹形式、安全附件。

2. 逐只鉴别气瓶内有无剩余压力。

3. 检查盛装氧气或强氧化性气体的气瓶沾染油脂或其他可燃物的情况。

(2)在低温液体泵与低温贮槽现场,进行如下操作:

1. 完成低温液体泵预冷操作。

2. 检查贮槽压力、液位。

3. 检查并确认贮槽、液体泵所有阀门开关状态。

(3)对氧气汇流排及充装台进行检查操作:

1. 检查管道泄漏情况。

2. 检查压力表、安全阀完好状态。

3. 检查卡具、阀门等是否开关灵活。

二、工艺操作

选择2只充装前检查合格的氧气瓶,进行现场充装操作,要求边叙述过程边做。

考核下列内容:

1. 气瓶搬运与装卸卡具。

2. 缓慢开关瓶阀并能切换充装排、汇流排。

3. 检查气瓶温度和压力。

4. 检查气瓶是否出现鼓包变形、泄漏等严重缺陷。

5. 控制气瓶的充装流量、流速和气瓶的充装时间。

6. 检查气瓶警示标签、合格证。

7. 对充装或供气情况进行记录。

三、设备维护

1. 现场用肥皂水检测充装台氧气充装管道。

2. 现场更换送氧管道阀门阀芯1个。

3. 现场修理氧气瓶1只,更换氧气瓶阀零件。

职业名称	气体深冷分离工
考核等级	初级工
试题名称	气体充装与供气
材质等信息	

职业技能鉴定技能操作考核准备单

职业名称	气体深冷分离工
考核等级	初级工
试题名称	气体充装与供气

一、材料准备

1. 肥皂水1瓶。
2. 毛刷1把。
3. 脱脂后的送氧管道阀门对应阀芯1个。
4. 脱脂后的氧气瓶阀杆、阀芯、连接片、防爆膜、密封垫各2个,氧气钢瓶阀1只。

二、设备、工、量、卡具准备清单

序号	名　称	规　格	数量	备注
1	氧气瓶	40 L	5只	
2	液氧低温贮槽	15～30 m^3	1个	
3	低温液体泵	15 MPa	1台	
4	氧气充装台	10～20只/个	1个	
5	氧气汇流排	10～20只/个	1个	
6	温度检测仪	普通	1个	
7	可燃气体检测仪	普通	1个	
8	氧气瓶专用扳手	QF-2	1个	
9	活扳手	300 mm	2把	
10	压力检测装置	QF-2	1个	

三、考场准备

1. 有专用的气瓶修理区作为气瓶修理考核现场;
2. 充装氧气场地及液体泵场地作为考核现场进行考试时,非与考试相关人员禁止入内,现场周围必须有配备2只及以上灭火器。
3. 其他准备。

四、考核内容及要求

1. 考核内容(按考核制件图示及要求制作)。
2. 考核时限60分钟。
3. 考核评分(表)。

职业名称	气体深冷分离工		考核等级	初级工	
试题名称	气体充装与供气		考核时限	60分钟	
鉴定项目	考核内容	配分	评分标准	扣分说明	得分
充装及供气工艺准备	任选2只氧气瓶，进行如下操作： 1. 检查气瓶制造生产许可证编号、气瓶钢印标记的内容、外表面颜色标记、损伤缺陷情况、瓶阀的出口螺纹形式、安全附件。 2. 逐只鉴别气瓶内有无剩余压力。 3. 检查盛装氧气或强氧化性气体的气瓶沾染油脂或其他可燃物的情况。	15	时间5分钟，每出现一处失误或遗漏一处扣2分。时间到停止操作		
	在低温液体泵与低温贮槽现场，进行如下操作： 1. 完成低温液体泵预冷操作。 2. 检查贮槽压力、液位。 3. 检查并确认贮槽、液体泵所有阀门开关状态。	15	时间5分钟，每出现一处失误或遗漏一处扣2分。时间到停止操作		
	对氧气汇流排及充装台进行检查操作： 1. 检查管道泄漏情况。 2. 检查压力表、安全阀完好状态。 3. 检查卡具、阀门等是否开关灵活。	15	时间5分钟，每出现一处失误或遗漏一处扣2分。时间到停止操作		
气体充装及供气工艺操作	选择2只充装前检查合格的氧气瓶，进行现场充装操作，要求边叙述过程边做。 考核下列内容： 1. 气瓶搬运与装卸卡具。 2. 缓慢开关瓶阀并能切换充装排、汇流排。 3. 检查气瓶温度和压力。 4. 检查气瓶是否出现鼓包变形、泄漏等严重缺陷。 5. 控制气瓶的充装流量、流速和气瓶的充装时间。 6. 检查气瓶警示标签、合格证。 7. 对充装或供气情况进行记录。	40	时间30分钟，每出现一处失误或遗漏一处扣2分。时间到停止操作		
设备维护	1. 现场用肥皂水检测充装台氧气充装管道。 2. 现场更换送氧管道阀门阀芯1个。 3. 现场修理氧气瓶1只，更换氧气瓶阀零件。	15	时间15分钟，每出现一处失误或遗漏一处扣2分。时间到停止操作		
质量、安全、工艺纪律、文明生产等综合考核项目	考核时限	不限	每超时10分钟，扣5分		
	工艺纪律	不限	依据企业有关工艺纪律管理规定执行，每违反一次扣10分		
	劳动保护	不限	依据企业有关劳动保护管理规定执行，每违反一次扣10分		
	文明生产	不限	依据企业有关文明生产管理规定执行，每违反一次扣10分		
	安全生产	不限	依据企业有关安全生产管理规定执行，每违反一次扣10分，有重大安全事故，取消成绩		

职业技能鉴定技能考核制件(内容)分析

职业名称	气体深冷分离工
考核等级	初级工
试题名称	气体充装与供气
职业标准依据	国家职业标准

试题中鉴定项目及鉴定要素的分析与确定

鉴定项目分类 分析事项	基本技能“D”	专业技能“E”	相关技能“F”	合计	数量与占比说明
鉴定项目总数	2	2	0	4	核心职业活动占比大于2/3
选取的鉴定项目数量	1	2	0	3	
选取的鉴定项目数量占比(%)	50	100	0	75	
对应选取鉴定项目所包含的鉴定要素总数	9	14	0	23	鉴定要素数量占比大于60%
选取的鉴定要素数量	7	10	0	17	
选取的鉴定要素数量占比(%)	78	71	0	74	

所选取鉴定项目及相应鉴定要素分解与说明

鉴定项目类别	鉴定项目名称	国家职业标准规定比重(%)	《框架》中鉴定要素名称	本命题中具体鉴定要素分解	配分	评分标准	考核难点说明
“D”	充装及供气工艺准备	45	能检查气瓶制造生产许可证编号、气瓶钢印标记的内容、外表面颜色标记、损伤缺陷情况、瓶阀的出口螺纹形式、安全附件	任选2只氧气瓶,检查气瓶制造生产许可证编号、气瓶钢印标记的内容、外表面颜色标记、损伤缺陷情况、瓶阀的出口螺纹形式、安全附件	5	出现一处错误扣2分	有钢印不清楚情况不好查找
			能逐只鉴别气瓶内有无剩余压力	任选2只氧气瓶,逐只鉴别气瓶内有无剩余压力	5	出现一处错误扣2分	剩余压力情况鉴别
			能检查盛装氧气或强氧化性气体的气瓶沾染油脂或其他可燃物的情况	任选2只氧气瓶,检查盛装氧气或强氧化性气体的气瓶沾染油脂或其他可燃物的情况	5	出现一处错误扣2分	
			能完成低温液体泵的预冷操作	在低温液体泵与低温贮槽现场,完成低温液体泵预冷操作	5	出现一处错误扣2分	
			能检查储槽压力、液位	在低温液体泵与低温贮槽现场,检查贮槽压力、液位	5	出现一处错误扣2分	
			能检查并确认所有的阀门处于正常的开闭状态	在低温液体泵与低温贮槽现场,检查并确认贮槽、液体泵所有阀门开关状态	5	出现一处错误扣2分	
			能检查并确认汇流排的参数处于正常状态	对氧气汇流排及充装台进行检查,检查管道泄漏情况	5	出现一处错误扣2分	

续上表

鉴定项目类别	鉴定项目名称	国家职业标准规定比重(%)	《框架》中鉴定要素名称	本命题中具体鉴定要素分解	配分	评分标准	考核难点说明
"D"	充装及供气工艺准备	45	能检查并确认汇流排的参数处于正常状态	对氧气汇流排及充装台进行检查,检查压力表、安全阀完好状态	5	出现一处错误扣2分	
				对氧气汇流排及充装台进行检查,检查卡具、阀门等是否开关灵活	5	出现一处错误扣2分	
"E"	气体充装及供气工艺操作	55	能进行装卸气瓶的操作	选择2只充装前检查合格的氧气瓶,进行现场充装操作,要求边叙述过程边做。考核气瓶搬运与装卸卡具	5	出现一处错误扣2分	
			能缓慢开关瓶阀并能切换充装排、汇流排	缓慢开关瓶阀并能切换充装排、汇流排	5	出现一处错误扣2分	
			能检查气瓶温度和压力	检查气瓶温度和压力	5	出现一处错误扣2分	
			能检查气瓶是否出现鼓包变形、泄漏等严重缺陷	检查气瓶是否出现鼓包变形、泄漏等严重缺陷	5	出现一处错误扣2分	
			能控制气瓶的充装流量、流速和气瓶的充装时间	控制气瓶的充装流量、流速和气瓶的充装时间	10	出现一处错误扣2分	
			能检查气瓶警示标签、合格证	检查气瓶警示标签、合格证	5	出现一处错误扣2分	
			能对充装或供气情况进行记录	对充装或供气情况进行记录	5	出现一处错误扣2分	
	设备维护		能检漏相关管道	现场用肥皂水检测充装台氧气充装管道	5	出现一处错误扣2分	
			能更换充气或供气阀门零件	现场更换送氧管道阀门阀芯1个	5	出现一处错误扣2分	
			能更换气瓶阀门零件	现场修理氧气瓶1只,更换氧气瓶阀零件	5	出现一处错误扣2分	
质量、安全、工艺纪律、文明生产等综合考核项目				考核时限	不限	每超时10分钟,扣5分	
				工艺纪律	不限	依据企业有关工艺纪律管理规定执行,每违反一次扣10分	
				劳动保护	不限	依据企业有关劳动保护管理规定执行,每违反一次扣10分	
				文明生产	不限	依据企业有关文明生产管理规定执行,每违反一次扣10分	
				安全生产	不限	依据企业有关安全生产管理规定执行,每违反一次扣10分,有重大安全事故,取消成绩	

气体深冷分离工(中级工)技能操作考核框架

一、框架说明

1. 依据《国家职业标准》注,以及中国中车确定的“岗位个性服从于职业共性”的原则,提出气体深冷分离工(中级工)技能操作考核框架(以下简称:技能考核框架)。

2. 本职业等级技能操作考核评分采用百分制。即:满分为 100 分,60 分为及格,低于 60 分为不及格。

3. 实施“技能考核框架”时,考核制件(活动)命题可以选用本企业的加工件(活动项目),也可以结合实际另外组织命题。

4. 实施“技能考核框架”时,考核的时间和场地条件等应依据《国家职业标准》,并结合企业实际确定。

5. 实施“技能考核框架”时,其“职业功能”的分类按以下要求确定:

(1)根据《国家职业标准》要求,技能考核时,应根据申报情况在“气体充装及供气”、“气瓶检验”两个职业功能中选择其一进行考评。

(2)“气体充装及供气”、“气瓶检验”属于本职业等级技能操作的核心职业活动,其“项目代码”为“E”。

(3)“工艺准备”属于本职业等级技能操作的辅助性活动,其“项目代码”为“D”。

6. 实施“技能考核框架”时,其“鉴定项目”和“选考数量”按以下要求确定:

(1)按照《国家职业标准》有关技能操作鉴定比重的要求,本职业等级技能操作考核制件的“鉴定项目”应按“D”+“E”组合,其考核配分比例相应为:“D”占 25 分,“E”占 75 分。

(2)依据中国中车确定的“核心职业活动选取 2/3,并向上取整”的规定,在“E”类鉴定项目——“气体充装及供气”或“气瓶检验”的全部 3 项中,至少选取 2 项。

(3)依据中国中车确定的“其余‘鉴定项目’的数量可以任选”的规定,“D”类鉴定项目——“工艺准备”中,至少选取 1 项。

(4)依据中国中车确定的“确定‘选考数量’时,所涉及‘鉴定要素’的数量占比,应不低于对应‘鉴定项目’范围内‘鉴定要素’总数的 60%,并向上取整”的规定,考核制件(活动)的鉴定要素“选考数量”应按以下要求确定:

①在“D”类“鉴定项目”中,在已选定的至少 1 个鉴定项目中,至少选取已选鉴定项目所对应的全部鉴定要素的 60%项,并向上保留整数。

②在“E”类“鉴定项目”中,在已选定的至少 2 个鉴定项目所包含的全部鉴定要素中,至少选取总数的 60%项,并向上保留整数。

举例分析:

按照上述“第 5 条”要求,选取职业功能“气体充装及供气”进行命题;

按照上述“第 6 条”要求,若命题时按最少数量选取,即:在“D”类鉴定项目中的选取了“充装及供气工艺准备”1项，在“E”类鉴定项目中选取了“充装及供气工艺操作”、“设备维护”2项。则：

此考核制件所涉及的“鉴定项目”总数为3项，具体包括：“充装及供气工艺准备”、“充装及供气工艺操作”、“设备维护”。

此考核制件所涉及的鉴定要素“选考数量”相应为12项，具体包括：“充装及供气工艺准备”鉴定项目包含的全部7个鉴定要素中的5项，“充装及供气工艺操作”、“设备维护”2个鉴定项目包括的全部11个鉴定要素中的7项。

7. 本职业等级技能操作需要两人及以上共同作业的，可由鉴定组织机构根据“必要、辅助”的原则，结合实际情况确定协助人员的数量。在整个操作过程中，协助人员只能起必要、简单的辅助作用。否则，每违反一次，至少扣减应考者的技能考核总成绩10分，直至取消其考试资格。

8. 实施“技能考核框架”时，应同时对应考者在质量、安全、工艺纪律、文明生产等方面行为进行考核。对于在技能操作考核过程中出现的违章作业现象，每违反一项（次）至少扣减技能考核总成绩10分，直至取消其考试资格。

注：按照中国中车规定，各《职业技能操作考核框架》的编制依据现行的《国家职业标准》或现行的《行业职业标准》或现行的《中国中车职业标准》的顺序执行。

二、气体深冷分离工（中级工）技能操作鉴定要素细目表

职业功能	鉴定项目				鉴定要素		
	项目代码	名称	鉴定比重（%）	选考方式	要素代码	名　称	重要程度
工艺准备	D	充装及供气工艺准备	25	任选	001	能用计算机查找气瓶资料	Y
					002	能进行氧气中易燃性气体的测定	Y
					003	能进行氢气或其他气体中氧含量的测定	Y
					004	能进行液体储罐的初次充装（内筒是高温）和重复充装（内筒是低温）	Y
					005	能进行低温液体储罐在停用一段时间后再使用的操作	Y
					006	能识读带控制点的工艺流程图	Y
					007	能识读低温液体储罐结构图及工艺流程图	Y
		检验准备			001	能完成水压系统在试验压力下压入水量的测定	Y
					002	能完成水压试验的量管零点调整及检漏	Y
					003	能确认瓶内压力，并能卸瓶阀	Y
					004	能完成气瓶气密性试验的准备	Y
					005	能确认除锈机、手提钢刷机、喷砂机好用	X
					006	能按要求校对衡器	Y
					007	能用计算机查找气瓶	Y

续上表

职业功能	鉴定项目				鉴定要素		
	项目代码	名称	鉴定比重(%)	选考方式	要素代码	名　称	重要程度
气体充装及供气	E	充装及供气工艺操作	75	至少选2项	001	能杜绝气体的错装、超装	X
					002	能在充装及供气后将气瓶的技术档案输入计算机	X
					003	能计算气体的气液态体积比	X
					004	能计算充气流量及管道流速与低温液体泵排量的关系	X
					005	能进行汽化后的分析取样	X
					006	能进行汇流排气瓶剩余压力的控制	X
					007	能进行气瓶倒水及水量测量	Y
		设备维护			001	能按要求确认设备备件	Z
					002	能确认和更换不合格的安全阀	Z
					003	能确认和更换不合格的压力表	Z
					004	能确认和更换不合格的液面计	Z
		事故判断与处理			001	能对不合格的气瓶进行检查	X
					002	能对倒瓶事故的原因进行分析并处理	Z
气瓶检验		检验操作	75	至少选2项	001	能进行气瓶重量与体积测定	X
					002	能进行除锈机、手提钢刷机、喷砂机的操作	X
					003	能进行气瓶气密性试验	X
					004	能识别各类报废气瓶	X
					005	能进行水压机的检漏、升压、保压、卸压操作	X
					006	能进行卸、装瓶阀的操作	Y
					007	能进行容积残余变形率的计算	Y
					008	能对以上气瓶检验的结果进行判断并记录	Y
		设备维护			001	能对除锈机、手提钢刷机、喷砂机进行维护	Z
					002	能对水压机零件进行更换	Z
					003	能对受检瓶设置防护设施	Z
		事故判断与处理			001	能判断并处理水压试验异常现象	X
					002	能判断并处理气瓶内残气	Z

中国中车
CRRC

气体深冷分离工(中级工)
技能操作考核样题与分析

职业名称：________________

考核等级：________________

存档编号：________________

考核站名称：________________

鉴定责任人：________________

命题责任人：________________

主管负责人：________________

中国中车股份有限公司劳动工资部制

职业技能鉴定技能操作考核制件图示或内容

气体充装及供气

一、工艺准备

任选 1 只氧气瓶和 1 只氩气瓶,进行如下操作:

1. 用仪器检测氧气瓶和氩气瓶中可燃气体的含量。
2. 用仪器检测氩气瓶中氧气含量。
3. 在现场口述低温液体储罐首次充装和反复充装过程。
4. 在现场口述低温液体储罐停用一段时间后,再使用的操作过程。
5. 在现场看带质量控制点的工艺流程图,并口述流程。

二、工艺操作

选择 2 只充装前检查合格的氧气瓶,进行现场充装操作,要求边叙述过程边做。

考核下列内容:

1. 能杜绝气体的错装、超装。
2. 能计算气体的气液态体积比。
3. 能进行汽化后的分析取样。
4. 能进行汇流排气瓶剩余压力的控制。
5. 能进行气瓶倒水及水量测量。

三、设备维护

1. 现场确认氧气汇流排、液体泵需要的备件。
2. 现场确认低温液体储罐、汇流排安全阀是否合格,并将不合格安全阀更换为合格安全阀。
3. 现场确认充装台、汇流排压力表是否合格,并将不合格压力表更换为合格压力表。

四、事故判断与处理

1. 任选一只不合格气瓶,考核能否对不合格的气瓶进行检查。
2. 在重瓶区和气瓶充装区,口述倒瓶事故的原因分析和处理方法。

职业名称	气体深冷分离工
考核等级	中级工
试题名称	气体充装及供气
材质等信息	

职业技能鉴定技能操作考核准备单

职业名称	气体深冷分离工
考核等级	中级工
试题名称	气体充装及供气

一、材料准备

1. 压力表1块。
2. 安全阀1个。
3. 带控制点的工艺流程图1张。

二、设备、工、量、卡具准备清单

序号	名称	规格	数量	备注
1	氧气瓶	40 L	3只	
2	液氧低温贮槽	15～30 m^3	1个	
3	低温液体泵	15 MPa	1台	
4	氧气充装台	10～20只/个	1个	
5	氧气汇流排	10～20只/个	1个	
6	氩气瓶	40 L	1只	
7	可燃气体检测仪	普通	1个	
8	氧气瓶专用扳手	QF-2	1个	
9	活扳手	300 mm	2把	
10	氧化锆分析仪	普通	1台	

三、考场准备

1. 有专用的气瓶修理区作为气瓶检测考核现场。

2. 充装场地及液体泵场地作为考核现场进行考核时，非与考试相关人员禁止入内，现场周围必须有配备2只及以上灭火器。

3. 其他准备。

四、考核内容及要求

1. 考核内容(按考核制件图示及要求制作)。
2. 考核时限60分钟。
3. 考核评分(表)。

职业名称	气体深冷分离工		考核等级	中级工	
试题名称	气体充装与供气		考核时限	60分钟	
鉴定项目	考 核 内 容	配分	评分标准	扣分说明	得分
充装及供气工艺准备	任选1只氧气瓶和1只氩气瓶,进行如下操作: 1. 用仪器检测氧气瓶和氩气瓶中可燃气体的含量。 2. 用仪器检测氩气瓶中氧气含量。 3. 在现场口述低温液体储罐首次充装和反复充装过程。 4. 在现场口述低温液体储罐停用一段时间后,再使用的操作过程。 5. 在现场看带质量控制点的工艺流程图,并口述流程。	25	时间15分钟,每出现一处失误或遗漏一处扣2分。时间到停止操作		
气体充装及供气工艺操作	选择2只充装前检查合格的氧气瓶,进行现场充装操作,要求边叙述过程边做。 考核下列内容: 1. 能杜绝气体的错装、超装。 2. 能计算气体的气液态体积比。 3. 能进行汽化后的分析取样。 4. 能进行汇流排气瓶剩余压力的控制。 5. 能进行气瓶倒水及水量测量。	35	时间15分钟,每出现一处失误或遗漏一处扣2分。时间到停止操作		
设备维护	1. 现场确认氧气汇流排、液体泵需要的备件。 2. 现场确认低温液体储罐、汇流排安全阀是否合格,并将不合格安全阀更换为合格安全阀。 3. 现场确认充装台、汇流排压力表是否合格,并将不合格压力表更换为合格压力表。	25	时间20分钟,每出现一处失误或遗漏一处扣2分。时间到停止操作		
事故判断与处理	1. 任选一只不合格气瓶,考核能否对不合格的气瓶进行检查。 2. 在重瓶区和气瓶充装区,口述倒瓶事故的原因分析和处理方法。	15	时间10分钟,每出现一处失误或遗漏一处扣2分。时间到停止操作		
质量、安全、工艺纪律、文明生产等综合考核项目	考核时限	不限	每超时10分钟,扣5分		
	工艺纪律	不限	依据企业有关工艺纪律管理规定执行,每违反一次扣10分		
	劳动保护	不限	依据企业有关劳动保护管理规定执行,每违反一次扣10分		
	文明生产	不限	依据企业有关文明生产管理规定执行,每违反一次扣10分		
	安全生产	不限	依据企业有关安全生产管理规定执行,每违反一次扣10分,有重大安全事故,取消成绩		

职业技能鉴定技能考核制件(内容)分析

职业名称	气体深冷分离工				
考核等级	中级工				
试题名称	气体充装及供气				
职业标准依据	国家职业标准				
试题中鉴定项目及鉴定要素的分析与确定					
鉴定项目分类 / 分析事项	基本技能“D”	专业技能“E”	相关技能“F”	合计	数量与占比说明
鉴定项目总数	2	3	0	5	
选取的鉴定项目数量	1	3	0	4	核心职业活动占比大于2/3
选取的鉴定项目数量占比(%)	50	100	0	80	
对应选取鉴定项目所包含的鉴定要素总数	7	13	0	20	
选取的鉴定要素数量	5	10	0	15	鉴定要素数量占比大于60%
选取的鉴定要素数量占比(%)	71	77	0	75	

所选取鉴定项目及相应鉴定要素分解与说明

鉴定项目类别	鉴定项目名称	国家职业标准规定比重(%)	《框架》中鉴定要素名称	本命题中具体鉴定要素分解	配分	评分标准	考核难点说明
“D”	充装及供气工艺准备	25	能进行氧气中易燃性气体的测定	任选1只氧气瓶和1只氩气瓶,用仪器检测氧气瓶和氩气瓶中可燃气体的含量。	5	出现一处错误扣2分	仪器会出现零点漂移现象
			能进行氩气或其他气体中氧含量的测定	用仪器检测氩气瓶中氧气含量	5	出现一处错误扣2分	标准流量控制有难度
			能进行液体储罐的初次充装(内筒是高温)和重复充装(内筒是低温)	在现场口述低温液体储罐首次充装和反复充装过程	5	出现一处错误扣2分	
			能进行低温液体储罐在停用一段时间后再使用的操作	在现场口述低温液体储罐停用一段时间后,再使用的操作过程	5	出现一处错误扣2分	
			能识读带控制点的工艺流程图	在现场看带质量控制点的工艺流程图,并口述流程	5	出现一处错误扣2分	
“E”	气体充装及供气工艺操作	75	能杜绝气体的错装、超装	选择2只充装前检查合格的氧气瓶,进行现场充装操作,要求边叙述过程边做。考核能杜绝气体的错装、超装	7	出现一处错误扣2分	
			能计算气体的气液态体积比	考核能计算气体的气液态体积比	7	出现一处错误扣2分	
			能进行汽化后的分析取样	考核能进行汽化后的分析取样	7	出现一处错误扣2分	

续上表

鉴定项目类别	鉴定项目名称	国家职业标准规定比重(%)	《框架》中鉴定要素名称	本命题中具体鉴定要素分解	配分	评分标准	考核难点说明
"E"	气体充装及供气工艺操作	75	能进行汇流排气瓶剩余压力的控制	考核能进行汇流排气瓶剩余压力的控制	7	出现一处错误扣2分	
			能进行气瓶倒水及水量测量	考核能进行气瓶倒水及水量测量	7	出现一处错误扣2分	
	设备维护		能按要求确认设备备件	现场确认氧气汇流排、液体泵需要的备件	5	出现一处错误扣2分	
			能确认和更换不合格的安全阀	现场确认低温液体储罐、汇流排安全阀是否合格,并将不合格安全阀更换为合格安全阀	10	出现一处错误扣2分	安全阀下部管道必须先泄压
			能确认和更换不合格的压力表	现场确认充装台、汇流排压力表是否合格,并将不合格压力表更换为合格压力表	10	出现一处错误扣2分	
	事故判断与处理		能对不合格的气瓶进行检查	任选一只不合格气瓶,考核能否对不合格的气瓶进行检查	5		
			能对倒瓶事故的原因进行分析并处理	在重瓶区和气瓶充装区,口述倒瓶事故的原因分析和处理方法	10		
质量、安全、工艺纪律、文明生产等综合考核项目				考核时限	不限	每超时10分钟,扣5分	
				工艺纪律	不限	依据企业有关工艺纪律管理规定执行,每违反一次扣10分	
				劳动保护	不限	依据企业有关劳动保护管理规定执行,每违反一次扣10分	
				文明生产	不限	依据企业有关文明生产管理规定执行,每违反一次扣10分	
				安全生产	不限	依据企业有关安全生产管理规定执行,每违反一次扣10分,有重大安全事故,取消成绩	

气体深冷分离工(高级工)技能操作考核框架

一、框架说明

1. 依据《国家职业标准》注,以及中国中车确定的“岗位个性服从于职业共性”的原则,提出气体深冷分离工(高级工)技能操作考核框架(以下简称:技能考核框架)。

2. 本职业等级技能操作考核评分采用百分制。即:满分为100分,60分为及格,低于60分为不及格。

3. 实施“技能考核框架”时,考核制件(活动)命题可以选用本企业的加工件(活动项目),也可以结合实际另外组织命题。

4. 实施“技能考核框架”时,考核的时间和场地条件等应依据《国家职业标准》,并结合企业实际确定。

5. 实施“技能考核框架”时,其“职业功能”的分类按以下要求确定:

(1) 根据《国家职业标准》要求,技能考核时,应根据申报情况在“气体充装及供气”、“气瓶检验”两个职业功能中选择其一进行考评。

(2) “气体充装及供气”、“气瓶检验”属于本职业等级技能操作的核心职业活动,其“项目代码”为“E”。

(3)“工艺准备”、“管理与培训”属于本职业等级技能操作的辅助性活动,其“项目代码”为“D”和“F”。

6. 实施“技能考核框架”时,其“鉴定项目”和“选考数量”按以下要求确定:

(1)按照《国家职业标准》有关技能操作鉴定比重的要求,本职业等级技能操作考核制件的“鉴定项目”应按“D”+“E”+“F”组合,其考核配分比例相应为:“D”占15分,“E”占75分,“F”占10分。

(2)依据中国中车确定的“核心职业活动选取2/3,并向上取整”的规定,在“E”类鉴定项目——“气体充装及供气”或“气瓶检验”的全部3项中,至少选取2项。

(3)依据中国中车确定的“其余‘鉴定项目’的数量可以任选”的规定,“D”和“F”类鉴定项目——“工艺准备”、“管理与培训”中,至少分别选取1项。

(4)依据中国中车确定的“确定‘选考数量’时,所涉及‘鉴定要素’的数量占比,应不低于对应‘鉴定项目’范围内‘鉴定要素’总数的60%,并向上取整”的规定,考核制件(活动)的鉴定要素“选考数量”应按以下要求确定:

①在“D”类“鉴定项目”中,在已选定的至少1个鉴定项目中,至少选取已选鉴定项目所对应的全部鉴定要素的60%项,并向上保留整数。

②在“E”类“鉴定项目”中,在已选定的至少2个鉴定项目所包含的全部鉴定要素中,至少选取总数的60%项,并向上保留整数。

③在“F”类“鉴定项目”中,在已选定的1个鉴定项目中,至少选取已选鉴定项目所对应的

全部鉴定要素的 60%项,并向上保留整数。

举例分析:

按照上述"第 5 条"要求,选取职业功能"气体充装及供气"进行命题;

按照上述"第 6 条"要求,若命题时按最少数量选取,若命题时按最少数量选取,即:在"D"类鉴定项目中的选取了"充装及供气工艺准备"1 项,在"E"类鉴定项目中选取了"充装及供气工艺操作"、"设备维护"2 项,在"F"类鉴定项目中选取了 "管理与培训"1 项,则:

此考核制件所涉及的"鉴定项目"总数为 4 项,具体包括:"充装及供气工艺准备"、"充装及供气工艺操作"、"设备维护"、"管理与培训"。

此考核制件所涉及的鉴定要素"选考数量"相应为 15 项,具体包括:"充装及供气工艺准备"鉴定项目包含的全部 4 个鉴定要素中的 3 项,"充装及供气工艺操作"、"设备维护"2 个鉴定项目包括的全部 14 个鉴定要素中的 9 项,"管理与培训"鉴定项目包含的全部 4 个鉴定要素中的 3 项。

7. 本职业等级技能操作需要两人及以上共同作业的,可由鉴定组织机构根据"必要、辅助"的原则,结合实际情况确定协助人员的数量。在整个操作过程中,协助人员只能起必要、简单的辅助作用。否则,每违反一次,至少扣减应考者的技能考核总成绩 10 分,直至取消其考试资格。

8. 实施"技能考核框架"时,应同时对应考者在质量、安全、工艺纪律、文明生产等方面行为进行考核。对于在技能操作考核过程中出现的违章作业现象,每违反一项(次)至少扣减技能考核总成绩 10 分,直至取消其考试资格。

注:按照中国中车规定,各《职业技能操作考核框架》的编制依据现行的《国家职业标准》或现行的《行业职业标准》或现行的《中国中车职业标准》的顺序执行。

二、气体深冷分离工(高级工)技能操作鉴定要素细目表

职业功能	鉴定项目				鉴定要素		
	项目代码	名称	鉴定比重(%)	选考方式	要素代码	名称	重要程度
工艺准备	D	充装及供气工艺准备	15	任选	001	能识别气瓶的国别、厂别	Y
					002	能用计算机查找本站气瓶的所有权	Y
					003	能进行气瓶清洗物品材料准备	Y
					004	能对敞口气瓶进行充装前置换准备	X
		检验准备			001	能按要求准备水压试验标准瓶	Y
					002	能选择清洗瓶内脱脂的清洗剂	Y
气体充装及供气	E	充装及供气工艺操作	75	至少选2项	001	能利用计算机对气瓶状态进行分析	X
					002	能进行低温储槽远程监控系统操作	X
					003	能为充装、供气设备的改进提出建议	X
					004	能组织实施节能降耗措施	X
					005	能进行气瓶清洗操作	X
					006	能进行气瓶抽真空操作	X
					007	能进行各种瓶阀零件混合后重新组装操作	X

续上表

职业功能	鉴定项目				鉴定要素		
	项目代码	名称	鉴定比重（%）	选考方式	要素代码	名　称	重要程度
气体充装及供气	E	设备维护	75	至少选2项	001	能识别储罐的安全阀和爆破片的安全状态	Y
					002	能识别低温储罐的压力表、液面计、调节阀、真空表、阀门的完好状态	X
					003	能测量储罐真空度、蒸发率	Y
					004	能进行储罐抽真空操作	Y
					005	能进行液体泵故障原因分析	X
					006	能进行抽真空装置故障原因分析	X
					007	能进行低温储罐故障原因分析	Z
		事故判断与处理			001	能对气瓶爆炸的原因进行分析并制定预防措施	Z
					002	能判断液体储罐大面积泄漏事故的原因并进行处理	Z
气瓶检验		检验操作	75	至少选2项	001	能进行气瓶的干燥操作	X
					002	能确定各类气瓶的检验周期	X
					003	能确定各类气瓶的检验项目	X
					004	能对容积残余变形率超过允许值现象进行处理	X
					005	能进行焊接气瓶焊缝的评定	X
					006	能进行气瓶检验的综合评定	X
		设备维护			001	能对处理瓶内残气仪器、设备进行维护	Z
					002	能确认水压试验量管的垂直度和稳定性	Z
					003	能对气瓶干燥器进行维护	Z
		事故判断与处理			001	能对水压试验中出现的瓶体泄漏异常现象进行处理	X
					002	能对保压期压力下降异常现象进行处理	X
					003	能对水压试验中瓶体发生的可见变形异常现象进行处理	Y
					004	能对水压试验中发生的明显声响异常现象进行处理	Y
管理与培训	F	管理与培训	10	必选	001	能编制气体充装站发生水灾、火灾、地震、爆炸、有毒有害气体泄漏等事故的紧急处理预案	Z
					002	能进行经济核算和经济活动分析	Z
					003	能讲授本职业的知识	X
					004	能对初级、中级操作人员进行指导与培训	X

气体深冷分离工(高级工)技能操作考核样题与分析

职业名称：________________

考核等级：________________

存档编号：________________

考核站名称：________________

鉴定责任人：________________

命题责任人：________________

主管负责人：________________

中国中车股份有限公司劳动工资部制

职业技能鉴定技能操作考核制件图示或内容

气体充装及供气

一、工艺准备

任选1只氧气瓶和1只氩气瓶，进行如下操作：

1. 识别气瓶的国别、厂别。
2. 进行气瓶清洗物品材料准备。
3. 对敞口气瓶进行充装前置换准备。

二、工艺操作

1. 现场进行低温储槽远程监控系统操作。
2. 现场为充装、供气设备的改进提出建议最少2条。
3. 口述液体分装工艺节能降耗具体措施最少4条。
4. 任选1只氧气瓶进行清洗操作。
5. 氧气瓶、氩气瓶零部件混合后，进行重新组装操作。

三、设备维护

1. 现场确认低温液体储罐、爆破片状态是否完好。
2. 现场确认低温液体储罐的压力表、液面计、调节阀、真空表、阀门的完好状态。
3. 液体泵运行状态良好，但是排气压力达不到规定值，分析原因并提出处理方法。
4. 抽真空干燥装置抽真空是出现漏气，分析原因并提出处理方法。
5. 低温液体储罐压力一直偏高，分析原因并提出处理方法。

四、事故判断与处理

1. 口述氧气瓶发生爆炸事故的原因及预防措施。
2. 口述液体储罐大面积泄漏的原因及预防措施。

五、管理与培训

1. 口述氧气站发生火灾的紧急救援预案内容。
2. 讲述低温液体泵的日常维护保养知识。
3. 向初级、中级人员口述氩气瓶充装前置换的具体方法操作步骤。

职业名称	气体深冷分离工
考核等级	高级工
试题名称	气体充装与供气
材质等信息	

职业技能鉴定技能操作考核准备单

职业名称	气体深冷分离工
考核等级	高级工
试题名称	气体充装与供气

一、材料准备

1. 清洗剂如四氯化碳等。
2. 容器。
3. 漏斗。

二、设备、工、量、卡具准备清单

序号	名　称	规　格	数量	备注
1	氧气瓶	40 L	2只	
2	液氧低温贮槽	15～30 m^3	1个	
3	低温液体泵	15 MPa	1台	
4	氩气瓶	40 L	1只	
5	氧气瓶专用扳手	QF-2	1个	
6	活扳手	300 mm	2把	

三、考场准备

1. 有专用的气瓶修理区作为气瓶检测考核现场。

2. 充装场地及液体泵场地作为考核现场进行考核时,非与考试相关人员禁止入内,现场周围必须有配备2只灭火器及以上。

3. 其他准备。

四、考核内容及要求

1. 考核内容(按考核制件图示及要求制作)。
2. 考核时限60分钟。
3. 考核评分(表)。

职业名称	气体深冷分离工		考核等级	初级工	
试题名称	气体充装与供气		考核时限	60分钟	
鉴定项目	考 核 内 容	配分	评分标准	扣分	得分
气体充装及供气工艺准备	任选1只氧气瓶和1只氩气瓶,进行如下操作: 1. 识别气瓶的国别、厂别。 2. 进行气瓶清洗物品材料准备。 3. 对敞口气瓶进行充装前置换准备。	15	时间10分钟,每出现一处失误或遗漏一处扣2分。时间到停止操作		

续上表

鉴定项目	考核内容	配分	评分标准	扣分	得分
气体充装及供气工艺操作	1. 现场进行低温储槽远程监控系统操作。 2. 现场为充装、供气设备的改进提出建议最少2条。 3. 口述液体分装工艺节能降耗具体措施最少4条。 4. 任选1只氧气瓶进行清洗操作。 5. 氧气瓶、氩气瓶零部件混合后，进行重新组装操作。	15	时间10分钟，每出现一处失误或遗漏一处扣2分。时间到停止操作		
设备维护	1. 现场确认低温液体储罐、爆破片状态是否完好。 2. 现场确认低温液体储罐的压力表、液面计、调节阀、真空表、阀门的完好状态。 3. 液体泵运行状态良好，但是排气压力达不到规定值，分析原因并提出处理方法。 4. 抽真空干燥装置抽真空是出现漏气，分析原因并提出处理方法。 5. 低温液体储罐压力一直偏高，分析原因并提出处理方法。	35	时间20分钟，每出现一处失误或遗漏一处扣2分。时间到停止操作		
事故判断与处理	1. 口述氧气瓶发生爆炸事故的原因及预防措施。 2. 口述液体储罐大面积泄漏的原因及预防措施。	15	时间10分钟，每出现一处失误或遗漏一处扣2分。时间到停止操作		
管理与培训	1. 口述氧气站发生火灾的紧急救援预案内容。 2. 讲述低温液体泵的日常维护保养知识。 3. 向初级、中级人员口述氩气瓶充装前置换的具体方法操作步骤。	10	时间10分钟，每出现一处失误或遗漏一处扣2分。时间到停止操作		
质量、安全、工艺纪律、文明生产等综合考核项目	考核时限	不限	每超时10分钟，扣5分		
	工艺纪律	不限	依据企业有关工艺纪律管理规定执行，每违反一次扣10分		
	劳动保护	不限	依据企业有关劳动保护管理规定执行，每违反一次扣10分		
	文明生产	不限	依据企业有关文明生产管理规定执行，每违反一次扣10分		
	安全生产	不限	依据企业有关安全生产管理规定执行，每违反一次扣10分，有重大安全事故，取消成绩		

职业技能鉴定技能考核制件(内容)分析

职业名称	气体深冷分离工
考核等级	高级工
试题名称	气体充装与供气
职业标准依据	国家职业标准

试题中鉴定项目及鉴定要素的分析与确定

鉴定项目分类 / 分析事项	基本技能“D”	专业技能“E”	相关技能“F”	合计	数量与占比说明
鉴定项目总数	2	3	1	6	核心职业活动占比大于2/3
选取的鉴定项目数量	1	3	1	5	
选取的鉴定项目数量占比(%)	50	100	100	83	
对应选取鉴定项目所包含的鉴定要素总数	4	16	4	24	鉴定要素数量占比大于60%
选取的鉴定要素数量	3	12	3	18	
选取的鉴定要素数量占比(%)	75	75	75	75	

所选取鉴定项目及相应鉴定要素分解与说明

鉴定项目类别	鉴定项目名称	国家职业标准规定比重(%)	《框架》中鉴定要素名称	本命题中具体鉴定要素分解	配分	评分标准	考核难点说明
“D”	充装及供气工艺准备	15	能识别气瓶的国别、厂别	任选1只氧气瓶和1只氩气瓶,识别气瓶的国别、厂别	5	出现一处错误扣2分	
			能进行气瓶清洗物品材料准备	进行气瓶清洗物品材料准备	5	出现一处错误扣2分	
			能对敞口气瓶进行充装前置换准备	对敞口气瓶进行充装前置换准备	5	出现一处错误扣2分	
“E”	气体充装及供气工艺操作	75	能进行低温储槽远程监控系统操作	现场进行低温储槽远程监控系统操作	3	出现一处错误扣1分	
			能为充装、供气设备的改进提出建议	现场为充装、供气设备的改进提出建议最少2条	3	出现一处错误扣1分	
			能组织实施节能降耗措施	口述液体分装工艺节能降耗具体措施最少4条	3	出现一处错误扣1分	
			能进行气瓶清洗操作	任选1只氧气瓶进行清洗操作	3	出现一处错误扣1分	
			能进行各种瓶阀零件混合后重新组装操作	氧气瓶、氩气瓶零部件混合后,进行重新组装操作	3	出现一处错误扣1分	
	设备维护		能识别储罐的安全阀和爆破片的安全状态	现场确认低温液体储罐、爆破片状态是否完好	7	出现一处错误扣3分	
			能识别低温储罐的压力表、液面计、调节阀、真空表、阀门的完好状态	现场确认低温液体储罐的压力表、液面计、调节阀、真空表、阀门的完好状态	7	出现一处错误扣3分	安全阀下部管道必须先泄压

续上表

鉴定项目类别	鉴定项目名称	国家职业标准规定比重(%)	《框架》中鉴定要素名称	本命题中具体鉴定要素分解	配分	评分标准	考核难点说明
“E”	设备维护	75	能进行液体泵故障原因分析	液体泵运行状态良好，但是排气压力达不到规定值，分析原因并提出处理方法	7	出现一处错误扣3分	
			能进行抽真空装置故障原因分析	抽真空干燥装置抽真空是出现漏气，分析原因并提出处理方法	7	出现一处错误扣3分	
			能进行低温储罐故障原因分析	低温液体储罐压力一直偏高，分析原因并提出处理方法	7	出现一处错误扣3分	
	事故判断与处理		能对气瓶爆炸的原因进行分析并制定预防措施	口述氧气瓶发生爆炸事故的原因及预防措施	15	出现一处错误扣5分	
			能判断液体储罐大面积泄漏事故的原因并进行处理	口述液体储罐大面积泄漏的原因及预防措施	10	出现一处错误扣4分	
“F”	管理与培训	10	能编制气体充装站发生水灾、火灾、地震、爆炸、有毒有害气体泄漏等事故的紧急处理预案	口述氧气站发生火灾的紧急救援预案内容	4	出现一处错误扣1分	
			能讲授本职业的知识	讲述低温液体泵的日常维护保养知识	3	出现一处错误扣1分	
			能对初级、中级操作人员进行指导与培训	向初级、中级人员口述氩气瓶充装前置换的具体方法操作步骤	3	出现一处错误扣1分	
质量、安全、工艺纪律、文明生产等综合考核项目				考核时限	不限	每超时10分钟，扣5分	
				工艺纪律	不限	依据企业有关工艺纪律管理规定执行，每违反一次扣10分	
				劳动保护	不限	依据企业有关劳动保护管理规定执行，每违反一次扣10分	
				文明生产	不限	依据企业有关文明生产管理规定执行，每违反一次扣10分	
				安全生产	不限	依据企业有关安全生产管理规定执行，每违反一次扣10分，有重大安全事故，取消成绩